"十二五"职业教育国家规划教材

经全国职业教育教材审定委员会审定

# 混凝土结构施工图平法识读

谢　华　主编

U0195692

中国建筑工业出版社

**图书在版编目(CIP)数据**

混凝土结构施工图平法识读/谢华主编.—北京:中国建筑工业出版社,2014.5(2022.2重印)

"十二五"职业教育国家规划教材.经全国职业教育教材审定委员会审定

ISBN 978-7-112-16447-9

Ⅰ.①混… Ⅱ.①谢… Ⅲ.①混凝土结构-建筑制图-识别-高等职业教育-教材 Ⅳ.①TU204

中国版本图书馆CIP数据核字(2014)第030562号

本书是按照《高等职业教育建筑工程技术专业教学基本要求》及国家最新规范、规程和相关标准编写的。全书围绕结构施工图识读能力的培养,主要研究一般结构构件的平法施工图表示、构造要求和钢筋翻样计算方法等。

全书内容包括:结构施工图通用构造规则,柱、梁、剪力墙、板、基础、楼梯等构件的平法施工图表示方法、构造详图和钢筋翻样与计算。

本书主要作为高等职业教育建筑工程管理专业《结构识图》课程教学用书,也适用于建筑工程技术、工程造价等专业相关课程的学习。此外,也可作为平法的岗位培训教材或工程技术人员的参考书。

责任编辑:朱首明　张　晶　聂　伟
责任设计:张　虹
责任校对:姜小莲　刘　钰

"十二五"职业教育国家规划教材
经全国职业教育教材审定委员会审定
**混凝土结构施工图平法识读**
谢　华　主编
\*
中国建筑工业出版社出版、发行(北京西郊百万庄)
各地新华书店、建筑书店经销
北京科地亚盟排版公司制版
天津安泰印刷有限公司印刷
\*
开本:787×1092毫米　1/16　印张:12　字数:293千字
2015年1月第一版　2022年2月第八次印刷
定价:**25.00**元
ISBN 978-7-112-16447-9
(25284)

# 教材编审委员会名单

主　任：李　辉

副主任：黄兆康　　夏清东

秘　书：袁建新

委　员：（按姓氏笔画排序）

王艳萍　　田恒久　　刘　阳　　刘金海　　刘建军

李永光　　李英俊　　李洪军　　杨　旗　　张小林

张秀萍　　陈润生　　胡六星　　郭起剑

# 序　言

　　住房和城乡建设部高职高专教育土建类专业教学指导委员会工程管理类专业分委员会（以下简称工程管理类分指委），是受教育部、住房和城乡建设部委托聘任和管理的专家机构。其主要工作职责是在教育部、住房和城乡建设部、全国高职高专教育土建类专业教学指导委员会的领导下，按照培养高端技能型人才的要求，研究和开发高职高专工程管理类专业的人才培养方案，制定工程管理类的工程造价专业、建筑经济管理专业、建筑工程管理专业的教育教学标准，持续开发"工学结合"及理论与实践紧密结合的特色教材。

　　高职高专工程管理类的工程造价、建筑经济管理、建筑工程管理等专业教材自2001年开发以来，经过"专业评估"、"示范性建设"、"骨干院校建设"等标志性的专业建设历程和普通高等教育"十一五"国家级规划教材、教育部普通高等教育精品教材的建设经历，已经形成了有特色的教材体系。

　　通过完成住建部课题"工程管理类学生学习效果评价系统"和"工程造价工作内容转换为学习内容研究"任务，为该系列"工学结合"教材的编写提供了方法和理论依据。使工程管理类专业的教材在培养高素质人才的过程中更加具有针对性和实用性。形成了"教材的理论知识新颖、实践训练科学、理论与实践结合完美"的特色。

　　本轮教材的编写体现了"工程管理类专业教学基本要求"的内容，根据2013年版的《建设工程工程量清单计价规范》内容改写了与清单计价和合同管理等方面的内容。根据"计标〔2013〕44号"的要求，改写了建筑安装工程费用项目组成的内容。总之，本轮教材的编写，继承了管理类分指委一贯坚持的"给学生最新的理论知识、指导学生按最新的方法完成实践任务"的指导思想，让该系列教材为我国的高职工程管理类专业的人才培养贡献我们的智慧和力量。

住房和城乡建设部高职高专教育土建类专业教学指导委员会

工程管理类专业分委员会

# 前　言

　　建筑施工图是施工的主要技术文件，它表达了建筑、结构的主要内容。正确识读平法结构施工图是建筑工程技术人员必须具备的技能之一，是建筑工程专业学生走向工作岗位之前的必修课程。钢筋翻样是根据结构施工图、相关规范、图集、施工工艺和计算规则计算钢筋长度、数量。准确的计算钢筋用量是经济、合理施工的重要条件，也是现场施工人员必须具备的技能。

　　本书的编写依据是国家现行规范《建筑抗震设计规范》GB 50011—2010、《混凝土结构设计规范》GB 50010—2010、《建筑结构制图标准》GB/T 50105—2010、《高层建筑混凝土结构设计规程》JGJ 3—2010、《建筑地基基础设计规范》GB 50007—2011、《混凝土结构施工图平面整体表示方法》11G101—1、11G101—2、11G101—3 系列图集，并参考《混凝土结构施工钢筋排布规则和构造详图》12G901—1、12G901—2、12G901—3 系列图集。

　　本书依据现行国家规范、标准和制图规则，紧密结合工程实际进行编写，重点培养学生在实际工程中的识图和算量能力。全书主要介绍了现行国家标准图集的制图规则、相关的标准构造详图以及各种构件的钢筋量计算方法，并列举了相关实例，每章均附有思考题。编写时，注重基本知识和基本技能的结合，突出培训特色，目标明确，内容精练，力求通俗易懂。

　　本书由谢华担任主编，曾秋宁、庞迎波担任副主编，参与本书编写与资料收集工作的还有刘颖、魏翔、程沙沙、赵培莉等。

　　本书的编写得到了广西建设职业技术学院、广西经济干部管理学院、广西建工集团的有关专家和学者多方面的支持，在此表示衷心感谢！由于时间和水平有限，书中不妥或错误之处在所难免，恳请读者批评指正！

编　者

2014 年 1 月

# 目　　录

# 教学单元1 概　　述

【学习目标】了解建筑工程施工图，特别是结构施工图的组成；掌握平法的特点，平法系列图集的适用范围；明确钢筋翻样的基本要求；明晰课程的学习方法。

## 1.1　建筑工程施工图

### 1.1.1　建筑工程施工图

建筑工程施工图简称"施工图"，通常包括建筑施工图、结构施工图、设备施工图（分为给水排水施工图、采暖通风与空调施工图及电气施工图等）。

### 1.1.2　结构施工图

本书主要介绍结构施工图的识读。

结构施工图是表示承重构件（基础、剪力墙、柱、梁、板等）的布置、使用的材料、形状、大小及相关构造的工程图样。一套完整的结构施工图的内容包括：

1. 图纸目录

图纸目录包括序号、图号、图纸名称、图幅规格、备注等内容，工程所选用的标准图集也应列入目录。图纸的顺序一般为从下至上，先地下再地上，先平面后详图。

2. 结构设计总说明

着重介绍一下结构设计总说明。结构设计总说明一般包括以下内容：工程概况、设计依据、图纸说明、建筑分类等级、主要荷载（作用）取值、选用的计算程序、主要结构材料、基础及地下室工程说明、钢筋混凝土工程说明、砌体工程说明和其他注意事项。

为了确保施工人员准确无误地按平法施工图进行施工，在结构设计总说明中，我们应注意与平法施工图密切相关的内容：

（1）所选用平法标准图集的图集号（如图集11G101-1），以免图集改版后在施工中用错版本；

（2）混凝土结构的设计使用年限；

（3）抗震设防烈度及抗震等级，以明确选用相应抗震等级的标准构造详图；

（4）各类构件在不同部位所选用的混凝土的强度等级和钢筋级别，以确定相应纵向受拉钢筋的最小锚固长度及最小搭接长度等；

（5）当标准构造详图有多种可选择的构造做法时写明在何部位选用何种构造做法。当未写明时，则为设计人员自动授权施工人员可以任选一种构造做法进行施工；

（6）写明柱（包括墙柱）纵筋、墙身分布筋、梁上部贯通筋等在具体工程中需接长时所采用的连接形式及有关要求。必要时，尚应注明对接头的性能要求；

（7）结构不同部位所处的环境类别；

（8）注明上部结构的嵌固部位的位置；

（9）设置后浇带时，注明后浇带的位置、浇注时间和后浇混凝土的强度等级以及其他的特殊要求；

（10）当柱、墙或梁与填充墙需要拉接时，其构造详图应由设计者根据墙体材料和规范要求选用相关国家建筑标准设计图集或自行绘制。

3. 设计图纸

设计图纸通常包括基础平面图、基础详图、结构平面图、钢筋混凝土构件详图、混凝土结构节点构造详图、其他图纸（楼梯图、预埋件图等）。

## 1.2 混凝土结构施工图平面表示方法

### 1.2.1 平法的概念

建筑结构施工图平面整体设计方法，简称平法。由山东大学的陈青来教授创立，并于1996年颁布实施。平法包括制图规则和构造详图两大部分，即把结构构件的尺寸和配筋等，按照平面整体表示方法制图规则整体直接表达在各类构件的结构平面布置图上，再与标准构造详图相配合，最终构成一套新型完整的结构设计。

### 1.2.2 平法整体设计的目的

发达国家建筑结构设计的突出特点是设计效率高、周期短，在建筑方案确定之后，施工图的出图速度很快。这源于两个主要原因：一是计算机辅助设计的程度很高；二是国外的结构设计图纸通常不包括节点构造和构件本体构造，构造详图通常由建筑施工公司进行二次设计。目前，我国的施工单位整体技术水平相对不高，现阶段并不具备独立进行构造设计与试验的实力，"照图施工"是我国施工单位的普遍现状。另外，我国传统的设计方法是把构件从结构平面布置图中索引出来，再逐个绘制配筋详图、画钢筋表，设计烦琐，工作量大，效率低下。

因此，需要在建设部门的支持下，建立一套符合国家现行规范、规程、标准的全国通用的制图规则和标准构造。平法整体设计的目的，就是为了保证各地按平法绘制的施工图标准统一，确保设计质量和设计图纸在全国通用。

### 1.2.3 平法系列图集及适用范围

平法系列图集属于国家建筑标准设计图集，是我国目前混凝土结构的通用图示方法。平法 G101 系列图集包括：

① 11G101-1《混凝土结构施工图平面整体表示方法制图规则和构造详图（现浇混凝土框架、剪力墙、梁、板）》

适用范围：非抗震和抗震设防烈度为 6°～9°地区的现浇混凝土框架、剪力墙、框架-剪力墙和部分框支剪力墙等主体结构施工图的设计，以及各类结构中现浇混凝土板（包括有梁楼盖和无梁楼盖）、地下室结构部分现浇混凝土结构墙体、柱、梁、板等结构施工图的设计。

② 11G101-2《混凝土结构施工图平面整体表示方法制图规则和构造详图（现浇混凝土板式楼梯）》

适用范围：非抗震和抗震设防烈度为 6°～9°地区的现浇钢筋混凝土板式楼梯。

③ 11G101-3《混凝土结构施工图平面整体表示方法制图规则和构造详图（独立基础、

条形基础、筏形基础及桩基承台)》

适用范围：各种结构类型的现浇混凝土独立基础、条形基础、筏形基础（分梁板式和平板式）及桩基承台施工图设计。

④ 12G101-4《混凝土结构施工图平面整体表示方法制图规则和构造详图（剪力墙边缘构件)》

适用范围：厚度不大于400mm（双排配筋）的现浇剪力墙结构边缘构件施工图设计。

为了配合11G101图集在工程中的应用，配套G101图集的构造内容、施工时钢筋排布构造的深化设计，中国建筑标准设计研究院推出了《混凝土结构施工钢筋排布规则与构造详图》系列图集，包括：

① 12G901-1《混凝土结构施工钢筋排布规则与构造详图（现浇混凝土框架、剪力墙、梁、板)》

② 12G901-2《混凝土结构施工钢筋排布规则与构造详图（现浇混凝土板式楼梯)》

③ 12G901-3《混凝土结构施工钢筋排布规则与构造详图（独立基础、条形基础、筏形基础、桩基承台)》

# 1.3 钢 筋 翻 样

### 1.3.1 钢筋翻样的概念

钢筋翻样是根据施工图、相关规范、图集、结构受力原理、施工工艺和计算规则计算钢筋长度、根数、重量并设计出钢筋图形的一项工作。它除了用于材料采购计划、加工、绑扎、成本核算外，还可用于招标、投标、预算和审计，是一项基础性的工作。

### 1.3.2 钢筋翻样的基本要求

钢筋翻样的基本要求包括：

（1）全面性。精通平法的制图规则，熟悉图纸中使用的标准构造详图，不遗漏结构上的每一构件，计算不漏项。

（2）准确性。建筑结构中，基础、柱、墙、梁、板等各种构件的类型不同，构造要求也不一样。因此，各构件中钢筋的长度和数量均需逐一准确计算。

（3）规范性。钢筋翻样计算的过程需按照图纸进行，遵从国家现行的规范、规程和标准。

（4）指导性。钢筋翻样的结果可以指导施工，通过详细准确的钢筋排列图可避免工人钢筋下料错误；通过准确的计算，还可以避免在预算阶段材料采购的损失和结算阶段因少算漏算造成损失。

### 1.3.3 钢筋的图示长度与下料长度

结构施工图中所标注的钢筋图示尺寸是钢筋的外皮尺寸。外皮尺寸是指结构施工图中钢筋外边缘至另一端外边缘的长度，即构件截面长度减去两侧保护层后的长度，如图1-1所示。它和钢筋的下料长度是不一样的。

钢筋加工前按直线下料，经加工弯曲后，钢筋外边缘（外皮）伸长，内边缘（内皮）缩短，而中心线的长度不会改变，如图1-2所示。钢筋的下料长度是按照钢筋中心线长度确定的。即在根据结构施工图计算出钢筋的图示长度后，还需要考虑钢筋弯曲引起

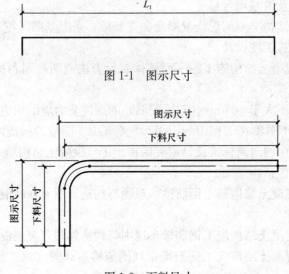

图 1-1　图示尺寸

图 1-2　下料尺寸

的差值变化，因此：

$$钢筋外皮尺寸之和-钢筋中心线长度=差值$$

本书在钢筋翻样计算时按钢筋图示尺寸计算钢筋长度。

## 1.4　本课程的特点和学习方法

本课程是一门综合性较强的课程，其内容主要有基础、柱、墙、梁、楼板和楼梯等构件的平法施工图识读与标准构造详图的讲解，及各类构件钢筋的翻样计算方法。

本课程是建筑工程管理专业及相关专业的一门重要基础课，它不仅是学习施工技术、工程算量等课程的基础，同时也是一门应用技术课程。它与其他课程之间有着密切的关系并有其自身特点，在学习本课程时，应注意以下几点：

（1）学习本课程前，应已学习工程力学、建筑结构、建筑构造与识图、建筑材料等相关课程。在学习本课程时，注意理解钢筋的构造知识的力学、结构原理。

（2）本课程与现行国家规范、规程和标准密切相关。通过本课程的学习，应熟悉并学会应用相关规范、规程和标准解决实际工程问题。

（3）本课程是一门实践性很强的课程，在教学的过程要注重理论联系实际，多到施工现场参观、实习，并结合大量练习。只有多看、多问、多做才能学好本课程。

# 教学单元 2  建筑结构施工图通用构造规则

【学习目标】掌握钢筋的锚固长度和搭接长度的计算方法；熟悉混凝土结构的环境类别、混凝土保护层厚度、钢筋的连接方式、箍筋和拉筋的弯钩构造、螺旋箍筋构造要求；了解并筋等效直径和净距、梁柱纵筋净距、基础结构或地下结构与上部结构的分界。

本教学单元所讲述的通用构造规则指柱、剪力墙、梁、板、基础、楼梯等常见钢筋混凝土构件的通用构造要求。

## 2.1  混凝土结构的环境类别

环境是影响混凝土结构耐久性最重要的因素，环境类别应根据环境对混凝土结构耐久性的影响而确定。环境类别如表 2-1 所示。

**混凝土结构的环境类别**　　　　　　　　　　　　　　　　　　　　表 2-1

| 环境类别 | 条　　　　件 |
|---|---|
| 一 | 室内干燥环境；<br>无侵蚀性静水浸没环境 |
| 二 a | 室内潮湿环境；<br>非严寒和非寒冷地区的露天环境；<br>非严寒和非寒冷地区与无侵蚀性的水或土直接接触的环境；<br>严寒或寒冷地区的冰冻线以下与无侵蚀性的水或土壤直接接触的环境 |
| 二 b | 干湿交替环境；<br>水位频繁变动环境；<br>严寒地区和寒冷地区的露天环境；<br>严寒地区和寒冷地区冰冻线以上与无侵蚀性的水或土壤直接接触的环境 |
| 三 a | 严寒地区和寒冷地区水位变动区环境；<br>受除冰盐影响的环境；<br>海风环境 |
| 三 b | 盐渍土环境；<br>受除冰盐作用环境；<br>海岸环境 |
| 四 | 海水环境 |
| 五 | 受人为或自然的侵蚀性物质影响的环境 |

注：1. 室内潮湿环境是指构件表面经常处于结露或湿润状态的环境；
　　2. 严寒或寒冷地区的划分应符合现行国家标准《民用建筑热工设计规范》GB 50176 的有关规定；
　　3. 海岸环境和海风环境宜根据当地情况，考虑主导风向及结构所处迎风、背风部位等因素的影响，由调查研究和工程经验确定；
　　4. 受除冰盐影响环境是指受到除冰盐盐雾影响的环境；受除冰盐作用环境是指被除冰盐溶液溅射的环境以及使用除冰盐地区的洗车房、停车楼等建筑；
　　5. 暴露的环境是指混凝土结构表面所处的环境。

## 2.2　受力钢筋的混凝土保护层厚度

钢筋的混凝土保护层厚度是指最外层钢筋外边缘至混凝土表面的距离。

### 2.2.1　混凝土保护层的作用

（1）保证混凝土与钢筋之间的粘结

混凝土与钢筋能够共同工作主要是依靠混凝土与钢筋之间具有足够的粘结力。试验表明，钢筋的保护层厚度是影响钢筋和混凝土之间粘结力大小的主要因素。保护层厚度越大，则粘结力越大，但当保护层厚度超过钢筋直径的 5 倍时，粘结力就不再增加。

（2）保护钢筋免受侵蚀

要使钢筋混凝土结构有足够的耐久性，就要保证其中钢筋免遭侵蚀。钢筋锈蚀不仅使截面有效面积减小，性能降低甚至报废，而且由于产生锈坑，可造成应力集中，加速了结构的破坏。同时，在混凝土结构中，钢筋的锈蚀会使混凝土开裂，降低对钢筋的握裹力。混凝土保护层可以将钢筋与锈蚀的环境因素隔离开，对钢筋具有保护作用；同时混凝土中水泥水化的高碱度，使被包裹在混凝土构件中的钢筋表面形成钝化保护膜使钢筋不易锈蚀。在外部环境的影响下，混凝土会发生由表及里的碳化，当达到钢筋表面时，会使钢筋锈蚀。保证足够的混凝土厚度，能够延长碳化到达钢筋表面的时间，从而保证混凝土结构的耐久性。

### 2.2.2　混凝土保护层最小厚度的作用规定

《混凝土结构设计规范》GB 50010—2010 规定，受力钢筋的混凝土保护层最小厚度应符合表 2-2 的规定。

表 2-2

混凝土保护层的最小厚度（mm）

| 环境类别 | 板、墙 | 梁、柱 |
|:---:|:---:|:---:|
| 一 | 15 | 20 |
| 二 a | 20 | 25 |
| 二 b | 25 | 35 |
| 三 a | 30 | 40 |
| 三 b | 40 | 50 |

注：1. 表中混凝土保护层厚度是指最外层钢筋外边缘至混凝土表面的距离。表中数值适用于设计使用年限为 50 年的混凝土结构；

　　2. 构件中受力钢筋的保护层厚度不应小于钢筋的公称直径；

　　3. 设计使用年限为 100 年的混凝土结构，一类环境，最外层钢筋的保护层厚度不应小于表中数值的 1.4 倍；二、三类环境中，应采取专门的有效措施；

　　4. 混凝土强度不大于 C25 时，表中保护层厚度应增加 5mm；

　　5. 基础底面钢筋的保护层厚度，有混凝土垫层时应从垫层顶面算起，且不应小于 40mm。

## 2.3　受拉钢筋的锚固长度

钢筋混凝土结构在受力过程中，受拉钢筋可能会产生相对于混凝土的滑移，甚至会从混凝土中拔出而造成锚固破坏。为防止这类现象发生，应当保证受力钢筋在混凝土中有一定的锚固长度。

### 2.3.1 纵向受拉钢筋非抗震锚固长度

《混凝土设计规范》GB 50010—2010 规定，当充分利用钢筋抗拉强度时，受拉钢筋的锚固长度应符合下列要求：

基本锚固长度应按下式计算：

普通钢筋
$$l_{ab} = \alpha \frac{f_y}{f_t} d \tag{2-1}$$

预应力钢筋
$$l_{ab} = \alpha \frac{f_{py}}{f_t} d \tag{2-2}$$

式中　$l_{ab}$——受拉钢筋的基本锚固长度；

　$f_y$、$f_{py}$——普通钢筋、预应力钢筋的抗拉强度设计值；

　$f_t$——混凝土轴心抗拉强度设计值，当混凝土强度等级高于 C60 时，按 C60 取值；

　$d$——锚固钢筋的直径；

　$\alpha$——锚固钢筋的外形系数，按表 2-3 取值。

锚固钢筋的外形系数 $\alpha$　　　　　　　　　　　表 2-3

| 钢筋类型 | 光圆钢筋 | 带肋钢筋 | 螺旋肋钢筋 | 三股钢绞线 | 三股钢绞线 |
|---|---|---|---|---|---|
| $\alpha$ | 0.16 | 0.14 | 0.13 | 0.16 | 0.17 |

注：光圆钢筋末端应做 180º 弯钩，弯钩平直段长度不应小于 3$d$，但作受压钢筋时可不做弯钩。

受拉钢筋的锚固长度应根据锚固条件按下列公式计算，且不应小于 200mm。

$$l_a = \zeta_a l_{ab} \tag{2-3}$$

式中　$l_a$——受拉钢筋的锚固长度；

　$\zeta_a$——锚固长度修正系数，①当带肋钢筋的公称直径大于 25mm 时，取 1.10；②环氧树脂涂层带肋钢筋取 1.25；③施工过程中易受扰动的钢筋取 1.10；④当纵向受力钢筋的实际配筋面积大于其设计计算面积时，修正系数取设计计算面积与实际配筋面积的比值，但对有抗震设防要求及直接承受动力荷载的结构构件，不应考虑此项修正；⑤锚固钢筋的保护层厚度为 3$d$ 时修正系数可取 0.8，保护层厚度为 5$d$ 时修正系数可取 0.7，中间按内插值取，此处 $d$ 为锚固钢筋的直径；⑥当多于一项时，可以按连乘计算，但不应小于 0.6；对于预应力筋，可取 1.0。

### 2.3.2 纵向受拉钢筋抗震锚固长度

纵向受拉钢筋的抗震锚固长度应满足相应的构造要求。抗震设计要求"强锚固"，即在地震作用时钢筋锚固应高于非抗震设计。

纵向受拉钢筋的抗震锚固长度 $l_{aE}$ 的计算公式为：

$$l_{aE} = \zeta_{aE} l_a \tag{2-4}$$

式中　$\zeta_{aE}$——纵向受拉钢筋的抗震锚固长度修正系数，对一、二级抗震等级取 1.15，对三级抗震等级取 1.05，对四级抗震等级取 1.00；

　$l_a$——纵向受拉钢筋的锚固长度，见式（2-3）。

为了方便施工人员查用，G101 系列图集中已列出了受拉钢筋基本锚固长度，如

表 2-4 所示。

**受拉钢筋基本锚固长度** 表 2-4

| 钢筋种类 | 抗震等级 | 混凝土强度等级 | | | | | | | | |
|---|---|---|---|---|---|---|---|---|---|---|
| | | C20 | C25 | C30 | C35 | C40 | C45 | C50 | C55 | ≥C60 |
| HPB300 | 一、二级（$l_{abE}$） | 45d | 39d | 35d | 32d | 29d | 28d | 26d | 25d | 24d |
| | 三级（$l_{abE}$） | 41d | 36d | 32d | 29d | 26d | 25d | 24d | 23d | 22d |
| | 四级（$l_{abE}$）非抗震（$l_{ab}$） | 39d | 34d | 30d | 28d | 25d | 24d | 23d | 22d | 21d |
| HRB335 HRBF330 | 一、二级（$l_{abE}$） | 44d | 38d | 33d | 31d | 29d | 26d | 25d | 24d | 24d |
| | 三级（$l_{abE}$） | 40d | 35d | 31d | 28d | 26d | 24d | 23d | 22d | 22d |
| | 四级（$l_{abE}$）非抗震（$l_{ab}$） | 38d | 33d | 29d | 27d | 25d | 23d | 22d | 21d | 21d |
| HRB400 HRBF400 RRB400 | 一、二级（$l_{abE}$） | — | 46d | 40d | 37d | 33d | 32d | 31d | 30d | 29d |
| | 三级（$l_{abE}$） | — | 42d | 37d | 34d | 30d | 29d | 28d | 27d | 26d |
| | 四级（$l_{abE}$）非抗震（$l_{ab}$） | — | 40d | 35d | 32d | 29d | 28d | 27d | 26d | 25d |
| HRB500 HRBF500 | 一、二级（$l_{abE}$） | — | 55d | 49d | 45d | 41d | 39d | 37d | 36d | 35d |
| | 三级（$l_{abE}$） | — | 50d | 45d | 41d | 38d | 36d | 34d | 33d | 32d |
| | 四级（$l_{abE}$）非抗震（$l_{ab}$） | — | 48d | 43d | 39d | 36d | 34d | 32d | 31d | 30d |

## 2.4 纵向钢筋的连接

当钢筋的长度不满足结构构件长度的要求时，就需要进行连接。钢筋连接的方式主要有 3 种：绑扎搭接连接、机械连接和焊接连接。

### 2.4.1 绑扎搭接连接

绑扎搭接连接是钢筋连接最常见的连接方式之一，具有施工操作简单方便的优点，但也有其适用范围和限制条件。《混凝土结构设计规范》规定当受拉钢筋 $d>25$mm 和受压钢筋 $d>28$mm 时不宜采用绑扎搭接，轴心受拉及小偏心受拉构件中纵向受力钢筋不应采用绑扎搭接。

钢筋绑扎搭接的原理是需要连接的两根钢筋分别在混凝土中锚固，通过混凝土对两根钢筋的粘结力，将一根钢筋的应力通过混凝土传递给另一根钢筋，实现两根钢筋内力的连续。

（1）纵向受拉钢筋绑扎搭接的搭接长度

纵向受拉钢筋绑扎搭接的搭接长度 $l_l$ 的计算公式：

$$l_l = \zeta_l l_a \tag{2-5}$$

抗震搭接长度 $l_{lE}$ 的计算公式：

$$l_{lE} = \zeta_l l_{aE} \tag{2-6}$$

式中　$l_l$——纵向受拉钢筋的搭接长度；

　　　$l_{lE}$——纵向受拉钢筋的抗震搭接长度；

$l_a$——纵向受拉钢筋的锚固长度；

$l_{aE}$——纵向受拉钢筋的抗震锚固长度；

$\zeta_l$——纵向受拉钢筋搭接长度修正系数，按表 2-5 采用。

纵向受拉钢筋搭接长度修正系数　　　　　　　　表 2-5

| 纵向受拉钢筋搭接接头面积百分率（%） | ≤25 | 50 | 100 |
|---|---|---|---|
| $\zeta_l$ | 1.2 | 1.4 | 1.6 |

注：1. 当直径不同的钢筋搭接时，搭接长度按直径较小的钢筋计算；
　　2. 任何情况下不应小于 300mm；
　　3. 当纵向钢筋搭接接头百分率为表中的中间值时，可按内插取值。

（2）在同一连接区段内，纵向受拉钢筋绑扎搭接接头宜相互错开

钢筋排列较密时，混凝土构件可能会产生劈裂破坏，如果同一截面上钢筋搭接数量过多，破坏的可能性相应加大，应将相邻连接接头错开一段距离，可以有效防止由于在接头处的应力集中导致的混凝土开裂。

钢筋的搭接接头在同一连接区段内应错开设置，钢筋绑扎搭接接头连接区段的长度为1.3倍搭接长度，凡搭接接头中点位于连接区段长度内的搭接接头均属于统一连接区段，如图 2-1 所示。

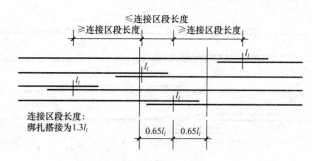

图 2-1　纵向受力钢筋绑扎搭接接头

同一连接区段内纵向受力钢筋搭接接头面积百分率为该区段内有搭接接头的纵向受力钢筋与全部纵向受力钢筋截面面积的比值。《混凝土结构设计规范》GB 50010—2010 规定，位于同一连接区段内的受拉钢筋搭接接头面积百分率：对梁类、板类及墙类构件，不宜大于 25%；对柱类构件，不宜大于 50%。当工程中确有必要增大受拉钢筋搭接接头面积百分率时，对梁类构件，不宜大于 50%；对板、墙、柱及预制构件的拼接处，可根据实际情况放宽。

（3）纵向受压钢筋搭接长度

构件中的纵向受压钢筋当采用搭接连接时，其受压搭接长度不应小于受拉钢筋搭接长度的 0.7 倍，且在任何情况下不得小于 200mm。

（4）纵向受力钢筋搭接长度范围内箍筋构造要求

当采用搭接连接时，搭接接头部位的混凝土受到的劈裂应力比较大，容易开裂。而在构件中设置箍筋等横向钢筋可以提高混凝土对纵向受力钢筋的粘结强度，延缓裂缝的开展，改善搭接效果。因此，《混凝土设计规范》GB 50010—2010 对搭接长度范围内的箍筋

规定为：纵向受力钢筋搭接长度范围内应配置箍筋，其直径不应小于钢筋较大直径的0.25倍，当钢筋受拉时，箍筋间距不应大于搭接钢筋较小直径的5倍，且不应大于100mm；当钢筋受压时，箍筋间距不应大于搭接钢筋较小直径的10倍，且不应大于200mm。当受压钢筋直径大于25mm时，尚应在搭接接头两端面外100mm范围内各设置两道箍筋。

（5）纵向受力钢筋的非接触搭接构造

纵向受力钢筋的非接触搭接连接，实质是两根钢筋在其搭接范围混凝土内的分别锚固，以混凝土为介质，实现搭接钢筋应力的传递。采用非接触搭接连接，可实现混凝土对钢筋的完全握裹，能使混凝土对钢筋产生足够高的锚固效应，进而实现受拉钢筋的可靠锚固，完成可靠的钢筋搭接连接。

非接触搭接有两种形式：纵向钢筋同轴心非接触搭接和纵向钢筋平行非接触搭接。同轴心非接触搭接适用于：梁的纵向钢筋、柱的角筋、剪力墙墙柱的角筋、剪力墙连梁和暗梁的纵向钢筋等；平行非接触搭接适用于：梁的侧面筋、柱的中部筋、剪力墙墙柱的中部钢筋、剪力墙身的竖向和横向受力钢筋等。同轴心非接触搭接如图2-2所示，平行非接触搭接如图2-3所示。

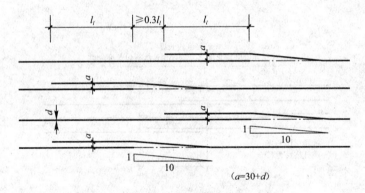

图 2-2　纵向钢筋同轴心非接触搭接

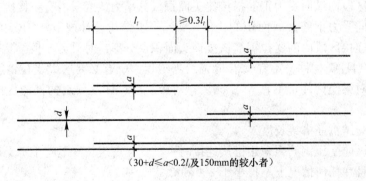

图 2-3　纵向钢筋平行非接触搭接

### 2.4.2　机械连接

钢筋的机械连接是通过套筒来实现力的传递。机械连接的接头形式有：挤压套筒挤压连接接头、锥螺纹套筒连接接头、镦粗直螺纹套筒连接接头和滚轧直螺纹套筒连接接头等。

纵向受力钢筋的机械连接接头应相互错开。钢筋机械连接区段的长度为 $35d$（$d$ 为相互连接两根钢筋中较小直径）。凡接头中点位于该区段长度内的机械连接接头均属于同一连接区段，如图 2-4 所示。位于同一连接区段内的纵向受拉钢筋接头面积百分率不宜大于 50%；纵向受压钢筋的接头百分率不受限制。

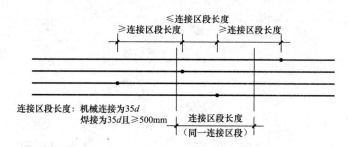

图 2-4    同一连接区段内纵向受拉钢筋机械连接、焊接连接

机械连接套筒的保护层厚度宜满足有关钢筋最小保护层厚度的规定。套筒的横向净距不宜小于 25mm，套筒处箍筋的间距仍应满足构造要求。

### 2.4.3    焊接连接

钢筋的焊接连接是利用电阻、电弧或者燃烧的气体加热钢筋端头使之熔化，并采用加压或者添加熔融金属焊接材料，使之连成一体的连接方式。钢筋焊接连接的方法有：闪光对焊、电渣压力焊等。电渣压力焊一般用于柱、墙等竖向构件的纵向钢筋的连接，不得用于梁、板等水平构件的纵向钢筋连接；闪光对焊适用于水平长钢筋非施工现场，直径 10～40mm 的各种热轧钢筋的连接。

纵向受力钢筋焊接接头应相互错开，焊接接头连接区段的长度为 $35d$（$d$ 为相互连接两根钢筋中较小直径）且不小于 500mm，凡接头中点位于该区段长度内的焊接连接接头均属于同一连接区段，如图 2-4 所示。位于同一连接区段内的纵向受拉钢筋接头面积百分率不宜大于 50%；纵向受压钢筋的接头百分率不受限制。

## 2.5    封闭箍筋及拉筋弯钩构造

根据受力及构造的要求，柱、墙、梁等构件都设置箍筋或拉筋。

### 2.5.1    封闭箍筋弯钩构造

通常情况下，箍筋应做成封闭的，封闭的方式有焊接和搭接两种，如图 2-5 所示。

当采用搭接连接时，箍筋弯钩构造要求有：弯钩角度为 135°；弯钩平直段长度抗震时取 max（$10d$，75mm），非抗震时取 $5d$（非抗震时，当构件为受扭或柱中全部纵向受力钢筋的配筋率大于 3% 时，平直段长度取 $10d$），$d$ 为箍筋直径。

### 2.5.2    拉筋弯钩构造

拉筋弯钩构造如图 2-6 所示。

拉筋弯钩构造要求同箍筋弯钩构造要求。

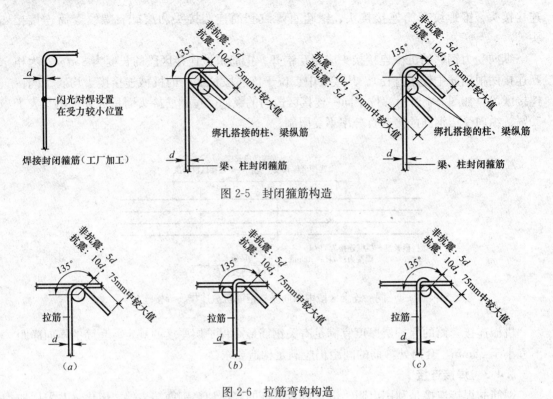

图 2-5　封闭箍筋构造

图 2-6　拉筋弯钩构造

（a）拉筋紧靠箍筋并钩住纵筋；（b）拉筋紧靠纵筋并钩住箍筋；（c）拉筋同时钩住纵筋和箍筋

## 2.6　梁并筋等效直径、最小净距

当构件的内力较大，采用高级别的钢筋仍然不能满足强度和裂缝要求时，可采取并筋。并筋可以解决粗钢筋及配筋密集引起的设计、施工困难。

《混凝土结构设计规范》GB 50010—2010 规定，直径 28mm 及以下钢筋并筋数量不应超过 3 根；直径 32mm 的钢筋并筋数量宜为 2 根；直径 36mm 及以上的钢筋不应采用并筋。并筋应根据单根等效钢筋进行计算，等效钢筋的等效直径应按截面面积相等的原则换算确定。并筋等效直径的概念适用于钢筋间距、保护层厚度、钢筋锚固长度、搭接接头面积百分率及搭接长度等计算及构造规定。常见梁并筋等效直径及最小净距要求见表 2-6。

| 梁并筋等效直径、最小净距表 | | | 表 2-6 |
| --- | --- | --- | --- |
| 单筋直径 $d$（mm） | 25 | 28 | 32 |
| 并筋根数 | 2 | 2 | 2 |
| 等效直径 $d_{eq}$（mm） | 35 | 39 | 45 |
| 层净距 $S_1$（mm） | 35 | 39 | 45 |
| 上部钢筋净距 $S_2$（mm） | 53 | 59 | 68 |
| 下部钢筋净距 $S_3$（mm） | 35 | 39 | 45 |

## 2.7　梁柱纵筋间距要求

为了保证钢筋与混凝土之间的粘结力，避免因钢筋过密而妨碍混凝土的捣实，梁、柱的受力钢筋之间必须留有足够的净间距，如图 2-7 所示。

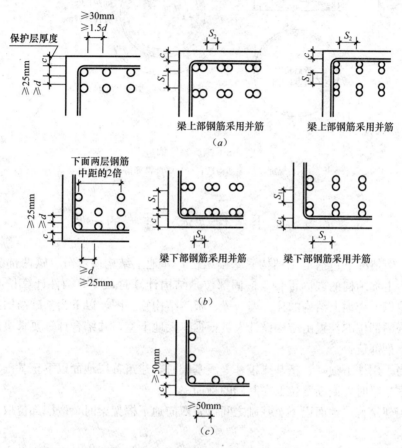

图 2-7　梁、柱纵筋间距要求
(a) 梁上部纵筋间距要求；(b) 梁下部纵筋间距要求；(c) 柱纵筋间距要求
注：图中 $d$ 为钢筋最大直径。

## 2.8　螺旋箍筋构造

螺旋箍筋常用于柱、桩等钢筋混凝土受压构件中。它是将构件中的单个箍筋做成连环形状，即成为螺旋箍筋。螺旋箍筋的套箍作用可约束其包围的核心混凝土的横向变形，使被约束混凝土处于三向受压的应力状态，可以提高混凝土的抗压强度和变形能力，从而提高构件的承载能力。其构造要求如图 2-8 所示。

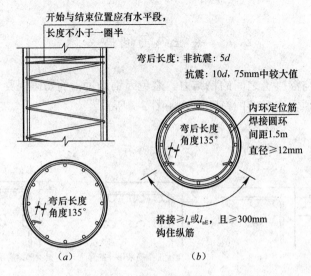

图 2-8　螺旋箍筋构造

(a) 螺旋箍筋端部构造；(b) 螺旋箍筋搭接构造

## 2.9　地下结构与地上结构的分界

建筑一般情况下包括地下结构（基础结构）和地上结构两部分。这两部分的分界位置，通常为上部结构的嵌固部位。嵌固部位是结构计算时，竖向构件计算长度的起始位置。该部位以上为地上结构的柱、墙、梁、板等结构施工图，以下为基础结构或地下结构施工图。嵌固部位的位置由结构设计人员根据有无地下室，并结合计算要求决定，通常情况下取自下列部位：

（1）当采用柱下独基、条基或筏基等浅基础时，建筑首层地面以下至基础之间未设置双向地下框架梁时，嵌固部位取在基础的顶面。

（2）当建筑首层地面以下至基础之间设置双向地下框架梁时，嵌固部位取在地下框架梁顶面。

（3）当地下有一层或一层以上的地下室时，嵌固部位可能在基础顶面，也可能在地下室楼板或顶板处。具体取自哪个部位取决于上下层地下室和基础的相对刚度和强度。若地下室顶板作为上部结构的嵌固部位时，根据《建筑抗震设计规范》GB 50011—2010 规定，要满足一定的构造要求：地下室应避免开设大洞口；地下室在地上结构相关范围内的顶板应采用现浇梁板结构；其楼板厚度不宜小于 180mm，混凝土强度等级不宜小于 C30，应采用双层双向配筋，且每层每个方向的配筋率不宜小于 0.25%。

为了方便施工人员判别嵌固部位的具体部位，设计人员通常会在框架柱平法施工图或剪力墙平法施工图中标注上部结构的嵌固部位。

### 本单元小结

本单元主要介绍了混凝土结构的环境类别、混凝土保护层厚度、钢筋的锚固长度、钢筋常用的三种连接方式、箍筋和拉筋的弯钩构造、梁并筋等效直径和净距、梁柱纵筋净距、螺旋箍筋构造要求、基础结构或地下结构与上部结构的分界等内容。

通过本单元的学习，掌握钢筋抗震条件下锚固长度计算方法，三种连接方式的构造要求和抗震条件下搭接长度的计算方法；熟悉混凝土结构的环境类别、混凝土保护层厚度、钢筋的连接方式、箍筋和拉筋的弯钩构造、螺旋箍筋构造要求；了解并筋等效直径和净距、梁柱纵筋净距、基础结构或地下结构与上部结构的分界。

本单元是平法施工图的基础，是钢筋准确翻样下料的前提。深入学习本单元知识可为以后各单元的内容提供指导和帮助。

## 练习思考题

2-1　混凝土结构的环境类别怎么划分？

2-2　什么是混凝土保护层厚度？混凝土保护层的作用是什么？梁、板、柱、墙的受力钢筋和构造钢筋混凝土保护层厚度如何确定？

2-3　受拉钢筋锚固长度如何确定？抗震条件下锚固长度如何确定？

2-4　钢筋的连接方式有哪些？各类连接方式的接头有哪些构造要求？

2-5　搭接接头面积百分率如何计算？

2-6　受拉钢筋搭接长度如何确定？抗震条件下搭接长度如何确定？

2-7　箍筋和拉筋弯钩有哪些构造要求？

2-8　螺旋箍筋有哪些构造要求？

# 教学单元 3  柱平法施工图识读与钢筋翻样

【学习目标】了解柱的基础知识，熟悉柱平法施工图制图规则与标准构造详图，能够正确识读柱施工图并根据施工图进行柱钢筋的翻样计算。

## 3.1  柱构件简介

钢筋混凝土柱是建筑结构中一种重要的竖向受力构件，它在结构体系中主要承受压力，在抗震地区还要承受水平地震作用。柱的钢筋主要由纵向受力钢筋和横向箍筋构成。

### 3.1.1  纵向受力钢筋

钢筋混凝土柱中纵向受力钢筋的主要作用是：协助混凝土受压；承受由于弯矩、偶然偏心矩、混凝土收缩徐变、温度变化引起的拉应力；防止混凝土构件脆性破坏；对大偏心受压柱，截面受拉区的纵向受力钢筋还承担拉力。

《混凝土结构设计规范》GB 50010—2010 规定：纵向受力普通钢筋宜采用 HRB400、HRB500、HRBF400、HRBF500 钢筋，也可采用 HRB335、HRBF335、HPB300、RRB400 钢筋（注：RRB400 钢筋不宜用作重要部位的受力钢筋，不应用于直接承受疲劳荷载的构件）。

（1）柱中纵向钢筋的配置应符合下列规定：

1）纵向受力钢筋直径不宜小于 12mm；全部纵向钢筋的配筋率不宜大于 5%；

2）柱中纵向钢筋的净间距不应小于 50mm，且不宜大于 300mm；

3）偏心受压柱的截面高度不小于 600mm 时，在柱的侧面上应设置直径不小于 10mm 的纵向构造钢筋，并相应设置复合箍筋或拉筋；

4）圆柱中纵向钢筋不宜少于 8 根，不应少于 6 根，且宜沿周边均匀布置；

5）在偏心受压柱中，垂直于弯矩作用平面的侧面上的纵向受力钢筋以及轴心受压柱中各边的纵向受力钢筋，其中距不宜大于 300mm。

（2）钢筋混凝土结构构件中纵向受力钢筋的配筋百分率 $\rho_{min}$ 不应小于表 3-1 规定的数值。

### 3.1.2  箍筋

钢筋混凝土柱中箍筋的主要作用是：与纵向钢筋形成钢筋骨架；固定纵向钢筋的位置、防止纵筋受压时压屈；有效约束柱核心混凝土的变形，提高混凝土柱的强度和变形能力。

《混凝土结构设计规范》GB 50010—2010 规定：箍筋宜采用 HRB400、HRBF400、HPB300、HRB500、HRBF500 钢筋，也可采用 HRB335、HRBF335 钢筋。在设置柱箍筋时，纵筋至少每隔一根放置于箍筋转角处，不得采用带内折角的箍筋形式。

**纵向受力钢筋的最小配筋百分率 $\rho_{min}$（%）**　　　　　表 3-1

| 受力类型 | | | 最小配筋百分率 |
|---|---|---|---|
| 受压构件 | 全部纵向钢筋 | 强度等级 500MPa | 0.50 |
| | | 强度等级 400MPa | 0.55 |
| | | 强度等级 300MPa、335MPa | 0.60 |
| | 一侧纵向钢筋 | | 0.20 |
| 受弯构件、偏心受拉、轴心受拉构件一侧的受拉钢筋 | | | 0.20 和 $45f_t/f_y$ 中的较大值 |

注：1. 受压构件全部纵向钢筋最小配筋百分率，当采用 C60 以上强度等级的混凝土时，应按表中规定增加 0.10；
　　2. 板类受弯构件（不包括悬臂板）的受拉钢筋，当采用强度等级 400MPa、500MPa 的钢筋时，其最小配筋百分率应允许采用 0.15 和 $45f_t/f_y$ 中的较大值；
　　3. 偏心受拉构件中的受压钢筋，应按受压构件一侧纵向钢筋考虑；
　　4. 受压构件的全部纵向钢筋和一侧纵向钢筋的配筋率以及轴心受拉构件和小偏心受拉构件一侧受拉钢筋的配筋率均应按构件的全截面面积计算；
　　5. 受弯构件、大偏心受拉构件一侧受拉钢筋的配筋率应按全截面面积扣除受压翼缘面积 $(b_f'-b)h_f'$ 后的截面面积计算；
　　6. 当钢筋沿构件截面周边布置时，"一侧纵向钢筋"系指沿受力方向两个对边中一边布置的纵向钢筋。

柱中的箍筋应符合下列规定：

（1）箍筋直径不应小于 $d/4$，且不应小于 6mm，$d$ 为纵向钢筋的最大直径。

（2）在受力钢筋搭接长度范围内，箍筋直径不应小于搭接钢筋最大直径的 1/4。

（3）箍筋间距不应大于 400mm 及构件截面的短边尺寸，且不应大于 15$d$，$d$ 为纵向钢筋的最小直径。

（4）在纵向受拉钢筋的搭接长度范围内，箍筋间距尚不应大于搭接钢筋较小直径的 5 倍，且不应大于 100mm；在纵向受压钢筋的搭接长度范围内，箍筋间距尚不应大于搭接钢筋较小直径的 10 倍，且不应大于 200mm。

（5）当受压钢筋直径大于 25mm 时，尚应在搭接接头两个端面外 100mm 的范围内各设置两道箍筋。

（6）柱及其他受压构件中的周边箍筋应做成封闭式；对圆柱中的箍筋，搭接长度不应小于《混凝土结构设计规范》规定的锚固长度，且末端应做成 135°弯钩，弯钩末端平直段长度不应小于 5$d$，$d$ 为箍筋直径。

（7）当柱截面短边尺寸大于 400mm 且各边纵向钢筋多于 3 根时，或当柱截面短边尺寸不大于 400mm 但各边纵向钢筋多于 4 根时，应设置复合箍筋。

（8）柱中全部纵向受力钢筋的配筋率大于 3%时，箍筋直径不应小于 8mm，间距不应大于 10$d$，且不应大于 200mm。箍筋末端应做成 135°弯钩，且弯钩末端平直段长度不应小于 10$d$，$d$ 为纵向受力钢筋的最小直径。

（9）在配有螺旋式或焊接环式箍筋的柱中，如在正截面受压承载力计算中考虑间接钢筋的作用时，箍筋间距不应大于 80mm 及 $d_{cor}/5$，且不宜小于 40mm，$d_{cor}$ 为按箍筋内表面确定的核心截面直径。

# 3.2　柱平法施工图制图规则

柱平法施工图制图规则是在柱平面布置图上采用列表注写方式或截面注写方式表达柱结构设计内容的方法。其内容主要有：柱平法施工图的表示方法、列表注写方式和截面注写方式等。

### 3.2.1 柱平法施工图的表示方法

柱平面布置图主要表达的是竖向构件（柱或剪力墙）的位置和几何信息。假想沿着每层楼板面将建筑物水平剖开，将竖向构件（柱或剪力墙）向下投影而成的图即为柱平面布置图。若结构中包含有剪力墙时，柱平面布置图通常与剪力墙平面布置图合并绘制。

在柱平面布置图上，采用列表注写方式或截面注写方式表达柱的几何信息和配筋信息，就形成了柱平法施工图。

在柱平法施工图中还应注明各结构层楼面标高、结构层高及相应的结构层号，便于明确图纸所表达的柱在整个结构中的竖向定位。同时，还应注明上部结构嵌固部位位置。

柱平法施工图中未括的构件构造和节点构造设计详图以标准构造详图的方式统一提供。

一般情况，柱平法施工图中标注的尺寸以毫米（mm）为单位，标高以米（m）为单位。

### 3.2.2 列表注写方式

（1）含义

列表注写方式是在柱平面布置图上（一般只需采用适当比例绘制一张柱平面布置图，包括框架柱、框支柱、梁上柱和剪力墙上柱），分别在同一编号的柱中选择一个（有时需要选择几个）截面标注几何参数代号；在柱表中注写柱编号、柱段起止标高、几何尺寸（含柱截面对轴线的偏心情况）与配筋的具体数值，并配以各种柱截面形状及其箍筋类型图，以此来表达柱平法施工图，如图 3-1 所示。

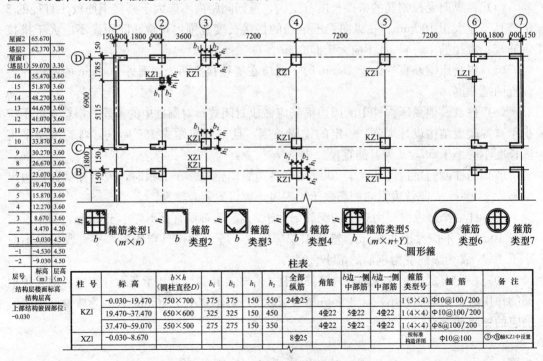

| 柱 号 | 标　高 | $b \times h$（圆柱直径$D$) | $b_1$ | $b_2$ | $h_1$ | $h_2$ | 全部纵筋 | 角筋 | $b$边一侧中部筋 | $h$边一侧中部筋 | 箍筋类型号 | 箍筋 | 备注 |
|---|---|---|---|---|---|---|---|---|---|---|---|---|---|
| KZ1 | -0.030~19.470 | 750×700 | 375 | 375 | 150 | 550 | 24Φ25 | | | | 1（5×4) | Φ10@100/200 | |
| | 19.470~37.470 | 650×600 | 325 | 325 | 150 | 450 | | 4Φ22 | 5Φ22 | 4Φ22 | 1（4×4) | Φ10@100/200 | |
| | 37.470~59.070 | 550×500 | 275 | 275 | 150 | 350 | | 4Φ22 | 5Φ22 | 4Φ22 | 1（4×4) | Φ8@100/200 | |
| XZ1 | -0.030~8.670 | | | | | | 8Φ25 | | | | 按标准构造详图 | Φ10@100 | ①×⑧轴KZ1中设置 |

图 3-1　柱平法施工图列表注写方式

（2）柱表内容

柱表中内容包括：柱编号、柱段起止标高、几何尺寸（含柱截面对轴线的偏心情况）、纵筋和箍筋。

1）柱编号

柱编号由类型代号和序号组成，表达形式见表 3-2。

柱编号　　　　　　　　　　　表 3-2

| 柱类型 | 代号 | 序号 |
|---|---|---|
| 框架柱 | KZ | ×× |
| 框支柱 | KZZ | ×× |
| 芯柱 | XZ | ×× |
| 梁上柱 | LZ | ×× |
| 剪力墙上柱 | QZ | ×× |

注：编号时，当柱的总高、分段截面尺寸和配筋均对应相同，仅截面与轴线的关系不同时，仍可将其编为同一柱号，但应在图中注明截面与轴线的关系。

2）各段柱的起止标高

柱表中，注写各段柱的起止标高，自柱根部往上以变截面位置或截面未变但配筋改变处为界分段注写。框架柱和框支柱的根部标高为基础顶面标高；芯柱的根部标高为根据结构实际需要而定的起始位置标高；梁上柱的根部标高为梁顶面标高；剪力墙上柱的根部标高分两种：当柱纵筋锚固在墙顶部时，其根部标高为墙顶面标高。

3）截面几何尺寸与定位关系

对于矩形柱，注写柱截面尺寸 $b \times h$ 及与轴线关系的几何参数代号 $b_1$、$b_2$ 和 $h_1$、$h_2$ 的具体数值，需对应于各段柱分别注写。其中 $b = b_1 + b_2$，$h = h_1 + h_2$。当截面的某一边收缩变化至与轴线重合或偏到轴线的另一侧时，$b_1$、$b_2$、$h_1$、$h_2$ 中的某项为零或负值。

对于圆柱，表中 $b \times h$ 一栏改为在圆柱直径数字前加 $d$ 表示。为表达简单，圆柱截面与轴线的关系也用 $b_1$、$b_2$ 和 $h_1$、$h_2$ 表示，并使 $d = b_1 + b_2 = h_1 + h_2$。

对于芯柱，根据结构需要，可以在某些框架柱的一定高度范围内，在其内部的中心位置设置（分别引注其柱编号）。芯柱截面尺寸按构造确定，并按 11G101-1 平法图集标准构造详图施工，设计不需注写；当设计者采用与构造详图不同的做法时，应另行注明。芯柱定位随框架柱，不需要注写其与轴线的几何关系。

4）柱纵筋

当柱纵筋直径相同，各边根数也相同时（包括矩形柱、圆柱和芯柱），将纵筋注写在"全部纵筋"一栏中。除此之外，柱纵筋分角筋、截面 $b$ 边中部筋和 $h$ 边中部筋三项分别注写（对于采用对称配筋的矩形截面柱，可仅注写一侧中部筋，对称边省略不注）。

5）柱箍筋

注写箍筋的级别、直径和间距，在箍筋类型栏内注写箍筋类型号与肢数。

具体工程所设计的各种箍筋类型图以及箍筋复合的具体方式，需画在表的上部或图中的适当位置，并在其上标注与表中相对应的 $b$、$h$ 和类型号。

当为抗震设计时，用斜线"/"区分柱端箍筋加密区与柱身非加密区长度范围内箍筋的不同间距。施工人员须根据标准构造详图的规定，在规定的几种长度值中取其最大者作为加密区长度。当框架节点核心区内箍筋与柱端箍筋设置不同时，应在括号中注明核心区箍筋直径及间距。当为抗震设计时，确定箍筋肢数时要满足对柱纵筋"隔一拉一"以及箍筋肢距的要求。

【例题 3-1】　Φ10@100/250 表示箍筋为 HPB300 级钢筋，直径 10mm，加密区间距为

100mm，非加密区间距为 250mm。

Φ10@100/250（Φ12@100）表示柱中箍筋为 HPB300 级钢筋，直径 10mm，加密区间距为 100mm，非加密区间距为 250mm。框架节点核心区箍筋为 HPB300 级钢筋，直径 12mm，间距为 100mm。

当箍筋沿柱全高为一种间距时，则不使用"/"线。

**【例题 3-2】** Φ10@100 表示沿柱全高范围内箍筋均为 HPB300 级钢筋，直径 10mm，间距为 100mm。

当圆柱采用螺旋箍筋时，需在箍筋前加"L"。

**【例题 3-3】** LΦ10@100/200 表示采用螺旋箍筋，HPB300 级钢筋，直径 10mm，加密区间距为 100mm，非加密区间距为 200mm。

### 3.2.3 截面注写方式

（1）含义

截面注写方式是在柱平面布置图的柱截面上，分别在同一编号的柱中选择一个截面，以直接注写截面尺寸和配筋具体数值的方式来表达柱平法施工图，如图 3-2 所示。

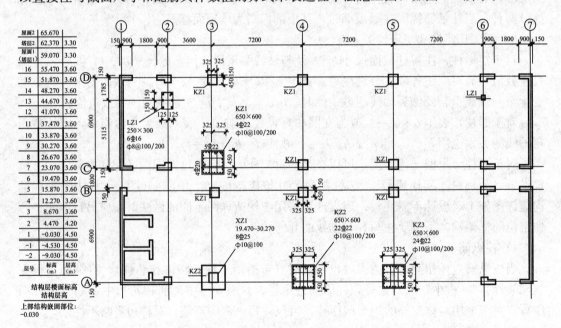

图 3-2 柱平法施工图截面注写方式

（2）截面注写方式的一般规定

当采用截面注写方式时，对除芯柱之外的所有柱截面按表 3-2 的规定进行编号，从相同编号的柱中选择一个截面，按另一种比例原位放大绘制柱截面配筋图，并在各配筋图上在其编号后再注写截面尺寸 $b \times h$，角筋或全部纵筋（当纵筋采用一种直径且能够图示清楚时）、箍筋的具体数值（箍筋的注写方式同列表注写方式），以及在柱截面配筋图上标注柱截面与轴线关系 $b_1$、$b_2$、$h_1$、$h_2$ 的具体数值。

当纵筋采用两种直径时，须再注写截面各边中部筋的具体数值（对于采用对称配筋的矩形截面柱，可仅在一侧注写中部筋，对称边省略不注）。

　　当在某些框架柱的一定高度范围内，在其内部的中心位置设置芯柱时，首先按表 3-2 的规定进行编号，在编号之后注写芯柱的起止标高、全部纵筋及箍筋的具体数值（箍筋的注写方式同列表注写方式）；芯柱截面尺寸按构造确定，并按标准构造详图施工，设计不注，当设计者采用与本构造详图不同的做法时，应另行注明。芯柱定位随框架柱，不需要注写其与轴线的几何关系。

　　在截面注写方式中，如柱的分段截面尺寸和配筋均相同，仅截面与轴线的关系不同时，可将其编为同一柱号。但此时应在未画配筋的柱截面上注写该柱截面与轴线关系的具体尺寸。

# 3.3　柱标准构造详图

　　柱钢筋的构造，按种类的不同，分为纵筋构造和箍筋构造两部分；按钢筋的部位和构造要求的不同，分为柱根部钢筋的锚固构造、柱身钢筋的连接构造和柱节点钢筋构造等。在抗震和非抗震情况下，钢筋构造也有所区别，本单元以抗震框架柱构造为主。

## 3.3.1　柱根部钢筋锚固构造

（1）柱插筋在基础中的锚固构造

柱插筋应伸至基础底部并支在基础底部钢筋网片上，构造要求如图 3-3 所示。

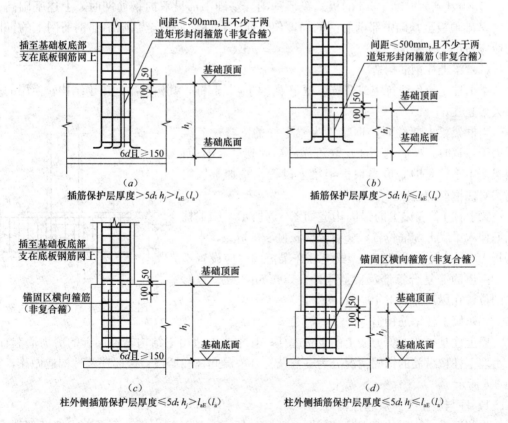

图 3-3　柱插筋在基础中的锚固构造

(a) 构造 1；(b) 构造 2；(c) 构造 3；(d) 构造 4

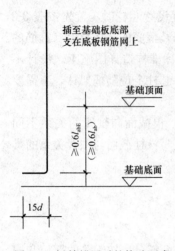

图 3-4 插筋锚固时的构造要求

柱插筋在基础中锚固时的构造要求：

1）图 3-3 中 $h_j$ 为基础底面至基础顶面的高度。若基础高度 $h_j$ 大于插筋最小锚固长度（$l_{aE}$ 或 $l_a$）时（如图 3-3$a$、$c$ 所示），柱插筋伸至基础底板钢筋网上，水平弯折长度为 $\max(6d，150mm)$；若基础高度 $h_j$ 不大于插筋最小锚固长度（$l_{aE}$ 或 $l_a$）时（如图 3-3$b$、$d$ 所示），柱插筋伸至基础底板钢筋网上，竖直段长度不小于 $0.6l_{aE}$（$0.6l_{ab}$），水平弯折长度为 $15d$，如图 3-4 所示。

2）当插筋部分保护层厚度不一致情况时（边柱或角柱外侧钢筋），保护层厚度小于 $5d$ 的部位应设置锚固区横向箍筋，如图 3-3（$c$）、（$d$）所示。锚固区横向箍筋应满足直径 $\geqslant d/4$（$d$ 为插筋最大直径），间距 $\leqslant 10d$（$d$ 为插筋最小直径）且 $\leqslant 100mm$ 的要求。

3）当柱为轴心受压或小偏心受压，独立基础、条形基础高度不小于 1200mm 时，或当柱为大偏心受压，独立基础，条形基础高度不小于 1400mm 时，可仅将柱四角插筋伸至底板钢筋网上（伸至底板钢筋网上的柱插筋间距不应大于 1000mm），其他钢筋满足锚固长度 $l_{aE}$（$l_a$）即可。

4）当基础为厚度＞2m 的板式筏形基础且基础中部设双向钢筋网时，上述基础高度 $h_j$ 为基础顶板至基础中部钢筋网的高度值。此时，柱插筋伸至基础中部钢筋网上的锚固构造应满足上述要求。

（2）梁上柱钢筋构造

梁上柱是指一般抗震或非抗震框架梁上的少量起柱，其构造不适用于结构转换层的转换大梁起柱。

当框架梁上起柱时，框架梁为梁上柱的支撑。若梁宽大于柱宽时，柱的钢筋能比较可靠的锚固到框架梁中；当梁宽小于柱宽时，应当在框架梁上设置水平加腋以提高梁对柱钢筋的锚固性能。

梁上柱 LZ 在梁上的锚固构造如图 3-5 所示。梁上柱插筋伸入梁底部配筋位置，竖直锚固长度 $\geqslant 0.5l_{abE}$，水平弯折 $12d$，$d$ 为柱插筋直径。梁上柱在梁范围内应设置不少于两道的非复合箍筋，箍筋间距 $\leqslant 500mm$，第一道箍筋的位置在梁顶面以下 100mm 处。

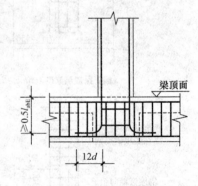

图 3-5 梁上柱 LZ 纵筋构造

（3）墙上柱钢筋构造

墙上柱是指普通剪力墙上的少量起柱，其构造不适用于结构转换层上的剪力墙起柱。剪力墙上柱按纵筋的锚固情况分为柱与墙重叠一层起柱和墙顶直接起柱两种构造做法，如图 3-6 所示。

1）柱与墙重叠一层起柱构造

柱与墙重叠一层的墙上起柱如图 3-6（$a$）所示。柱纵筋直通至下层剪力墙底部楼面，在剪力墙顶面以下锚固范围内的柱箍筋按上柱箍筋非加密区要求配置。

2）墙顶直接起柱构造

墙顶直接起柱如图 3-6（b）所示。柱纵筋从楼板顶面伸至剪力墙内的锚固长度为
$1.2l_{aE}$，水平弯折长度 150mm，锚固范围内柱箍筋配置同上柱箍筋非加密区箍筋设置。

梁上起柱和剪力墙顶直接起柱时，梁和墙体平面外方向应设梁，以平衡柱脚在该方向
的弯矩。

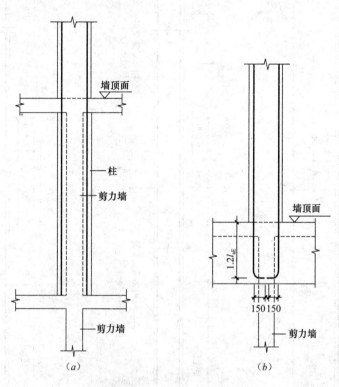

图 3-6　抗震剪力墙上 QZ 纵筋构造
（a）柱与墙重叠一层起柱；（b）墙顶直接起柱

### 3.3.2　柱身纵向钢筋连接构造

柱是承受压力为主的构件，在抗震地区，由于地震作用的影响，柱身会产生弯矩和剪
力，其主要集中在柱的端部，柱中部附近的内力值相对较小。柱受力钢筋在连接时，应避
开内力较大的位置，在内力较小的连接区范围内进行连接。

（1）抗震框架柱纵向钢筋连接构造

框架柱纵筋连接的方式有三种：绑扎搭接、机械连接和焊接，如图 3-7 所示。

抗震设计时，柱相邻纵向钢筋的连接接头应相互错开。在同一截面内的钢筋接头面积百
分率不宜大于 50%。轴心受拉及小偏心受拉柱内的纵向钢筋不得采用绑扎搭接，设计者应
在柱平法施工图中注明其平面位置及层数。抗震设计时，框架柱纵筋连接构造要求有：

1）非连接区范围

当框架柱嵌固部位位于基础顶面时，柱纵筋的非连接区位于：基础顶面嵌固部位以上
$\geqslant H_n/3$ 范围内，楼面以上和框架梁底面以下各 $\max(H_n/6, 500mm, h_c)$ 高度范围内，
如图 3-7 所示。

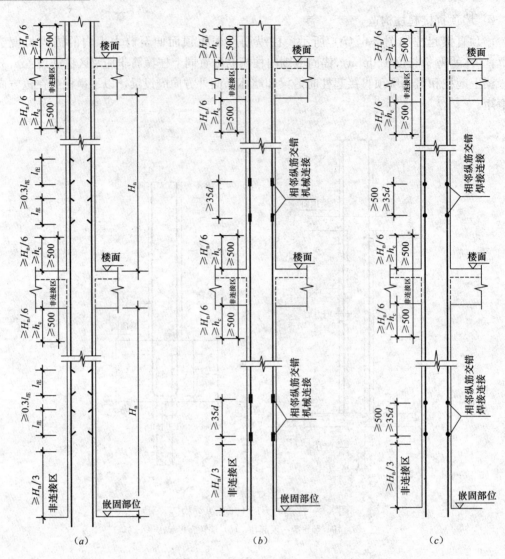

图 3-7  抗震 KZ 纵向钢筋连接构造

(a) 绑扎搭接；(b) 机械连接；(c) 焊接

当框架柱嵌固部位位于基础顶面以上时，嵌固部位以下至基础间的地下室部分柱纵筋非连接区位于：嵌固部位以上 $\geqslant H_n/3$ 范围内，基础顶面、楼面以上和框架梁底面以下各 $\max(H_n/6, 500mm, h_c)$ 高度范围内，如图 3-8 所示。

2）接头错开布置

抗震设计时，框架柱纵筋相邻的连接接头均应错开布置。绑扎搭接时，错开的净距为 $0.3l_{lE}$；机械连接时，连接接头错开距离 $\geqslant 35d$；焊接时，连接接头错开距离 $\geqslant 35d$ 且 $\geqslant 500mm$，如图 3-7、图 3-8 所示。

（2）抗震框架柱上下层纵向钢筋配筋不同时的连接构造

1）抗震框架柱上下层纵向钢筋根数不同时

上层柱钢筋比下层柱钢筋的根数多时，上层柱多出的钢筋伸入下层柱内锚固，从梁顶

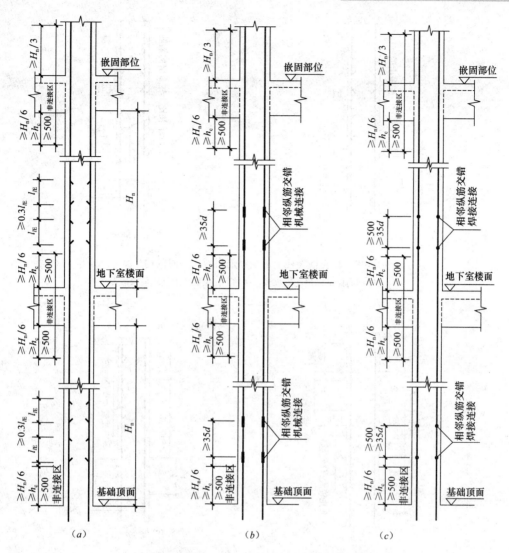

图 3-8　地下室抗震 KZ 纵向钢筋连接构造

(a) 绑扎搭接；(b) 机械连接；(c) 焊接

算起，锚固长度取为 $1.2l_{aE}$；下层柱钢筋比上层柱钢筋的根数多时，下层柱多出的钢筋伸入上层柱内锚固，从梁底算起，锚固长度取为 $1.2l_{aE}$，如图 3-9 所示。

2) 抗震框架柱上下层纵向钢筋直径不同时

上层柱钢筋比下层柱钢筋的直径大时，上层较大直径钢筋伸入下层，穿过其上端的非连接区与下层较小直径的钢筋连接；下层柱钢筋比上层柱钢筋的直径大时，下层较大直径钢筋伸入上层，穿过其下端的非连接区与上层较小直径的钢筋连接，如图 3-10 所示。

### 3.3.3　柱箍筋构造

(1) 柱复合箍筋构造

柱箍筋在设置时一般采用复合箍筋，其布置要求有：

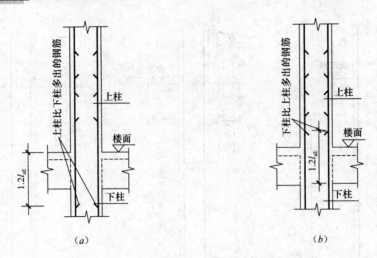

图 3-9  抗震框架柱上下层纵筋根数不同时的构造

(a) 上柱钢筋比下柱钢筋根数多；(b) 下柱钢筋比上柱钢筋根数多

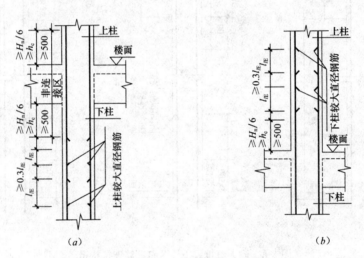

图 3-10  抗震框架柱上下层纵筋直径不同时的构造

(a) 上柱钢筋比下柱钢筋直径大；(b) 下柱钢筋比上柱钢筋直径大

沿复合箍筋周边，箍筋局部重叠不宜多于两层；以复合箍筋最外围的封闭箍筋为基准，柱内的横向箍筋紧贴其下（或上）设置，柱内纵向箍筋紧贴其上（或下）设置。

若同一组内复合箍筋各肢位置不能满足对称性的要求时，沿柱竖向相邻两道箍筋应交错放置，如图 3-11 所示。

箍筋内部的单肢箍（拉筋形式）需同时勾住纵向钢筋与外封闭箍筋。抗震设计时，柱箍筋的弯钩角度为 135°，弯钩平直段长度为 $\max(10d, 75\text{mm})$，如图 2-5、图 2-6 所示。

（2）柱箍筋加密区范围

抗震设计时，框架柱、墙上柱、梁上柱箍筋加密区范围与纵筋非连接区位置的要求相同。

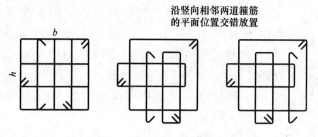

图 3-11　柱复合箍筋构造

1) 框架柱、墙上柱、梁上柱箍筋加密区范围：基础顶面嵌固部位以上≥$H_n/3$ 范围内，中间层楼面以上和框架梁底面以下各 $\max(H_n/6，500\text{mm}，h_c)$ 高度范围内，顶层梁底以下 $\max(H_n/6，500\text{mm}，h_c)$ 至屋面梁顶范围内，如图 3-12 所示。

2) 嵌固部位不在基础顶面时，地下室柱箍筋加密区范围：基础顶面以上 $\max(H_n/6，500\text{mm}，h_c)$ 高度范围内，地下室楼面和地下室梁底以下各 $\max(H_n/6，500\text{mm}，h_c)$ 范围内，嵌固部位以上≥$H_n/3$ 范围内，如图 3-13 所示。

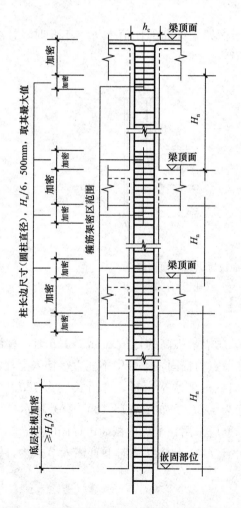

图 3-12　抗震 KZ、QZ、LZ 箍筋加密区范围

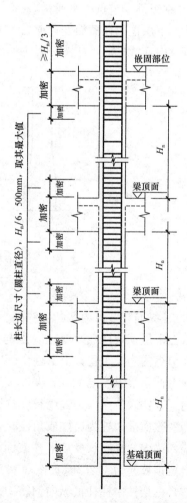

图 3-13　地下室抗震 KZ 箍筋加密区范围

27

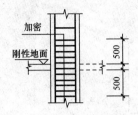

图 3-14 底层刚性地面上下箍筋加密区范围

3) 柱纵筋采用绑扎搭接时，搭接长度范围内箍筋应加密，间距不应大于 100mm，且不应大于 5$d$（$d$ 为搭接钢筋最小直径）；搭接长度范围内箍筋直径不小于 4/$d$（$d$ 为搭接钢筋最大直径）。

4) 底层刚性地面以上或以下各 500mm 范围内箍筋应加密，如图 3-14 所示。

当底层地面采用厚度≥200mm，混凝土强度等级不小于 C20 的混凝土地面时，可按刚性地面考虑。

### 3.3.4 柱节点钢筋构造

(1) 框架柱变截面处纵筋构造

通常情况下，下层框架柱纵筋应当穿过楼层节点，进入上层柱内进行连接；若当框架柱上下楼层的截面发生改变时，柱纵筋的位置也相对发生位移，从而引起柱纵筋构造做法的改变。对于柱纵筋根据框架柱的上下层截面变化值与梁高的比值的大小，有两种常用的构造措施：柱纵筋在节点内贯通；柱纵筋在节点内截断再锚固。

1) 柱纵筋在节点内贯通构造

若上下层框架柱截面变化值 $\Delta$ 与所在楼层框架梁梁高的比值 $\Delta/h_b \leqslant 1/6$ 时，柱纵筋可在节点内连续贯通，如图 3-15 所示。

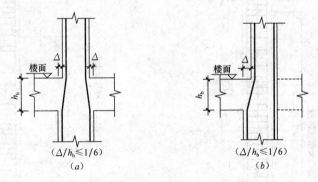

图 3-15 框架柱变截面位置纵筋贯通构造

(a) 截面两侧变化；(b) 截面一侧变化

2) 柱纵筋在节点内截断再锚固

若上下层框架柱截面变化值 $\Delta$ 与所在楼层框架梁梁高的比值 $\Delta/h_b > 1/6$ 时，柱纵筋不能在节点内连续布置，上下柱钢筋应分别在节点内锚固，下柱中不能直接伸入上柱的纵筋，向上伸至梁纵筋之下（长度≥0.5$l_{abE}$），向柱内侧水平弯折，弯折长度为 12$d$。上柱纵筋向下直锚入节点内，锚固长度自梁顶算起为 1.2$l_{aE}$，如图 3-16 (a)、(b) 所示。

当变截面框架柱为边柱或角柱时，外侧纵筋应采用在节点内截断再锚固的构造。外侧纵筋锚入梁内，锚固长度自上柱截面开始不小于 $l_{aE}$；上柱纵筋向下直锚入节点内，锚固长度自梁顶算起为 1.2$l_{aE}$，如图 3-16 (c) 所示。

(2) 框架柱中柱柱顶纵向钢筋构造

框架柱在柱网中的位置各不相同，位于柱网中间，四边均有梁相连的柱称之为"中

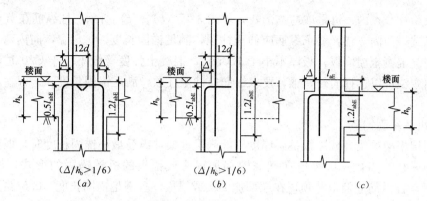

图 3-16　框架柱变截面位置纵筋截断再锚固构造
(a) 截面两侧变化；(b) 截面一侧变化；(c) 边柱或角柱

柱"；位于柱网边缘，一侧设有梁与之相连的柱称为"边柱"；位于柱网角部，相邻两侧设有梁与之相连的柱称为"角柱"。框架柱中的纵筋，根据柱所处的位置不同，分为"外侧钢筋"和"内侧钢筋"两种。当纵筋伸至柱顶部后向内或向外弯折均能锚入梁内则称为"内侧钢筋"，当钢筋伸至柱顶部后，只能向一个方向弯折锚入梁内则称为"外侧钢筋"。中柱因位于柱网的内部，所有纵筋均为内侧钢筋。

抗震框架柱中柱柱顶纵向钢筋构造如图 3-17 所示。

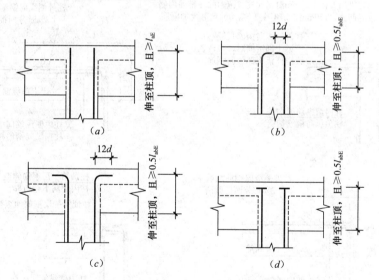

图 3-17　框架柱中柱柱顶纵向钢筋构造
(a) 直锚构造；(b) 向内弯锚构造；(c) 向外弯锚构造；(d) 机械锚固构造

1) 直锚构造

若顶层框架梁梁高减去保护层厚度能满足框架柱纵筋最小锚固长度时，框架柱纵筋伸入屋顶梁柱节点内，可采取直锚形式，如图 3-17 (a) 所示。柱纵筋应伸至柱顶，且满足锚固长度 $\geq l_{aE}$。

2) 弯锚构造

若顶层框架梁梁高减去保护层厚度不能满足框架柱纵筋最小锚固长度时，框架柱纵筋伸入屋顶梁柱节点内，可采取弯锚形式，如图 3-17（b）、（c）所示。柱纵筋在节点内弯锚时，可以选择向内弯锚，要求纵筋应伸至柱顶，满足锚固长度$\geq 0.5l_{abE}$，向内弯 12d。若顶层为现浇混凝土屋面板，板厚不小于 100mm，混凝土强度等级不小于 C20 时，柱纵筋在节点内弯锚可以选择向外弯锚，要求纵筋应伸至柱顶，满足锚固长度$\geq 0.5l_{abE}$，向外弯 12d。

3）机械锚固构造

若顶层框架梁梁高减去保护层厚度不能满足框架柱纵筋最小锚固长度时，框架柱纵筋伸入屋顶梁柱节点内，可采取在钢筋端部加锚头或锚板的机械锚固的形式，如图 3-17（d）所示。柱纵筋应伸至柱顶，在端部加锚头或锚板，且满足锚固长度$\geq 0.5l_{abE}$。

（3）框架柱边柱、角柱的柱顶纵向钢筋构造

框架柱边柱、角柱的柱顶纵向钢筋构造按外侧钢筋和内侧钢筋的不同而有所区别，内侧钢筋在柱顶的构造与中柱纵筋的构造一致，外侧钢筋根据构造的不同分为：柱纵筋锚入梁内和梁纵筋锚入柱内两种。如果设计没有指定构造作法，则可以根据需要选择合适的构造。

1）柱纵筋锚入梁内

框架柱纵向钢筋锚入梁内的构造形式如图 3-18 所示。

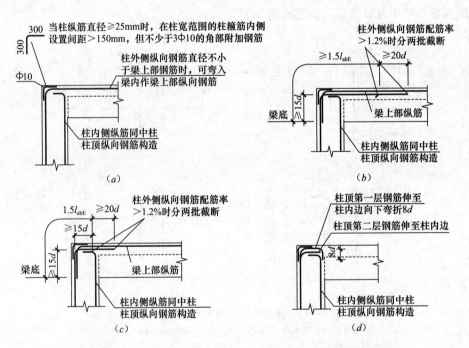

图 3-18　抗震 KZ 边柱、角柱的柱顶纵筋构造（柱纵筋锚入梁内）

（a）柱筋作为梁上部钢筋使用；（b）从梁底算起 $1.5l_{abE}$ 超过柱内侧边缘；

（c）从梁底算起 $1.5l_{abE}$ 未超过柱内侧边缘；（d）未伸入梁内的柱外侧钢筋锚固

图 3-18 中的节点大样（a）、（b）、（c）、（d）应配合使用，节点（d）不应单独使用。柱外侧钢筋伸入梁内时，伸入梁内的柱外侧纵筋面积不宜小于柱外侧全部纵筋面积的 65%。具体要求如下：

① 若柱外侧纵筋伸入梁内锚固长度从梁底算起不小于 $1.5l_{abE}$，且超过柱内侧边缘，可选择（b）+（d）的构造作法。在此情况下，若柱外侧纵筋直径不小于梁上部钢筋时，也可将部分柱外侧纵筋弯入梁内作梁上部纵向钢筋，则选择（a）+（b）+（d）的构造作法。选择此两种做法时，应当注意：柱纵筋伸入梁内弯折时要保证在柱内长度 $\geqslant 15d$；未能伸入梁内的柱外侧纵筋应伸至柱顶后弯锚，若柱外侧纵筋在柱顶弯折后是位于第一层的钢筋，则应伸至柱内边向下弯折 $8d$，若柱外侧纵筋在柱顶弯折后是位于第二层的钢筋，则只需伸至柱内边；当屋顶板为现浇楼板，且厚度不小于 $100mm$ 时，也可将未伸入梁内的钢筋全部伸入板内锚固，且伸入板内长度不宜小于 $15d$；当柱外侧纵向钢筋配筋率＞$1.2\%$时，伸入梁内的柱纵向钢筋应满足上述规定且宜分两批截断，截断点之间的距离不宜小于 $20d$，$d$ 为柱外侧纵向钢筋的直径。

② 若柱外侧纵筋伸入梁内锚固长度从梁底算起不小于 $1.5l_{abE}$，但未超过柱内侧边缘，可选择（c）+（d）的构造作法。在此情况下，若柱外侧纵筋直径不小于梁上部钢筋，也可将部分柱外侧纵筋弯入梁内作梁上部纵向钢筋，则选择（a）+（c）+（d）的构造做法。选择此两种做法时，应当注意：柱纵筋伸入梁内弯折时要保证在柱内长度 $\geqslant 15d$，弯后钢筋水平长度 $\geqslant 15d$；其余构造要求同①。

③ 梁上部纵向钢筋应伸至梁柱节点外侧并向下弯至梁下边缘高度位置截断。

2）梁纵筋锚入柱内

梁纵筋锚入柱内时的构造如图 3-19 所示。

梁上部纵筋锚入柱中，锚固长度自梁顶算起不小于 $1.7l_{abE}$；当梁上部纵筋配筋率＞$1.2\%$时，伸入柱内的梁纵向钢筋应满足以上规定且宜分两批截断，截断点之间的距离不宜小于 $20d$，$d$ 为梁上部纵向钢筋的直径。此时，柱外侧钢筋应伸至梁顶。

### 3.3.5　芯柱配筋构造

为使抗震框架柱在消耗地震能量时有适当的延性，满足轴压比的要求，可在框架柱截面中部三分之一范围内设置芯柱，如图 3-20 所示。芯柱截面尺寸长和宽一般分别为 $\max(b/3, 250mm)$ 和 $\max(h/3, 250mm)$。芯柱配置的纵筋和箍筋按设计标注，芯柱纵筋的根部锚固与连接同框架柱，向上直通至芯柱顶标高。非抗震设计时，一般不设芯柱。

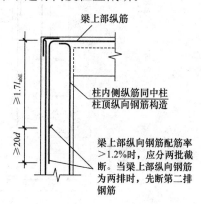

图 3-19　抗震 KZ 边柱、角柱柱顶纵筋构造（梁纵筋锚入柱内）

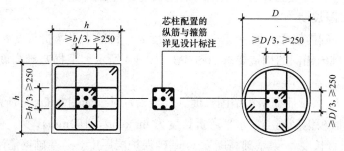

图 3-20　芯柱配筋构造

## 3.4 柱钢筋翻样与计算

柱中的钢筋主要包括纵筋和箍筋，柱钢筋的翻样主要涉及纵筋和箍筋（含拉筋）的翻样与计算。

### 3.4.1 柱纵向钢筋翻样与计算

柱纵筋的翻样内容有：底层插筋、地下室纵筋、首层纵筋、中间层纵筋、顶层纵筋、上下柱纵筋改变和上下层柱截面改变时纵筋的计算等。

（1）底层插筋翻样

底层插筋根据插筋位置的不同分为：基础插筋、梁上柱插筋和墙上柱插筋。

1）基础插筋翻样

柱纵筋在基础中的插筋如图 3-21 所示。

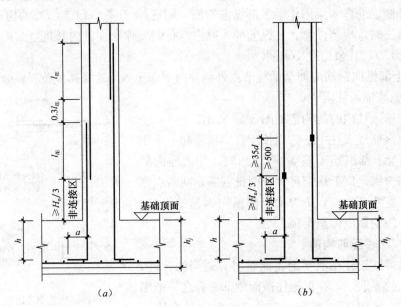

图 3-21 基础插筋示例

(a) 绑扎搭接；(b) 机械连接（焊接）

基础插筋长度可按下式计算：

$$插筋长度 = 基础内锚固长度 + 基础外露长度 \tag{3-1}$$

① 基础内锚固长度

$$基础内锚固长度 = 钢筋竖直长度 h + 钢筋水平弯折长度 a \tag{3-2}$$

柱插筋在基础内锚固的构造要求如图 3-3、图 3-4 所示。根据基础高度 $h_j$ 的不同插筋分为直锚和弯锚。

若基础高度 $h_j$ 大于插筋最小锚固长度（$l_{aE}$ 或 $l_a$）时（如图 3-3a、c 所示），采用直锚，柱插筋伸至基础底板钢筋网上，水平弯折长度为 $\max(6d, 150mm)$。

$$钢筋竖直长度 h = 基础高度 h_j - 基础保护层厚度 c - 基础钢筋网厚度 \tag{3-3}$$

$$钢筋水平弯折长度 a = \max(6d, 150mm) \tag{3-4}$$

若基础高度 $h_j$ 不大于插筋最小锚固长度（$l_{aE}$ 或 $l_a$）时（如图 3-3$b$、$d$ 所示），采用弯锚，柱插筋伸至基础底板钢筋网上，竖直段长度不小于 $0.6l_{abE}(0.6l_{ab})$，水平弯折长度为 15$d$。

$$钢筋竖直长度 h = 基础高度 h_j - 基础保护层厚度 c$$
$$- 基础钢筋网厚度(h \geqslant 0.6l_{abE}(0.6l_{ab})) \tag{3-5}$$
$$钢筋水平弯折长度 a = 15d \tag{3-6}$$

需要注意的是：当柱为轴心受压或小偏心受压，独立基础、条形基础高度不小于 1200mm 时，或当柱为大偏心受压，独立基础，条形基础高度不小于 1400mm 时，可仅将柱四角插筋伸至底板钢筋网上（伸至底板钢筋网上的柱插筋之间的间距不应大于 1000mm），其他钢筋满足锚固长度 $l_{aE}(l_a)$ 即可。

② 基础外露长度

基础插筋伸出基础表面一段长度后截断，且相邻接头应相互错开，构造要求如图 3-7、图 3-8 所示。此时钢筋根据接头位置的不同分下位钢筋与上位钢筋。

若采用绑扎搭接

$$下位短插筋外露长度 = H_n/3 + l_{lE} \tag{3-7}$$
$$上位长插筋外露长度 = H_n/3 + l_{lE} + 1.3l_{lE} \tag{3-8}$$

若采用机械连接（或焊接）

$$下位短插筋外露长度 = H_n/3 \tag{3-9}$$
$$上位长插筋外露长度 = H_n/3 + 35d(\max(35d, 500)) \tag{3-10}$$

当层高连接区范围内的长度小于 $2.3l_{lE}$ 时，柱的钢筋不能采用绑扎连接，而应采用机械连接或焊接。

2）梁上柱插筋翻样

梁上柱插筋如图 3-22 所示。

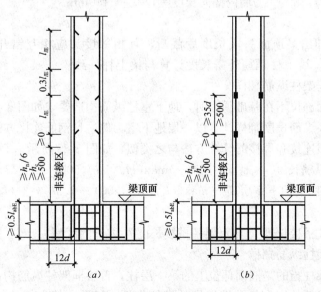

图 3-22　梁上柱插筋示例
（$a$）绑扎搭接；（$b$）机械连接（焊接）

梁上柱插筋长度可按下式计算：

$$插筋长度 = 梁内锚固长度 + 外露长度 \qquad (3-11)$$

① 梁内锚固长度

梁上柱插筋构造如图 3-5 所示，插筋伸入梁底部纵筋位置，再弯折。

$$梁内锚固长度 = 梁高度 - 梁保护层厚度 - 梁箍筋直径 + 12d \qquad (3-12)$$

其中 $d$ 为插筋直径。

② 外露长度

梁上柱插筋伸出梁顶面一段长度后截断，且相邻接头应相互错开，构造要求如图 3-7、图 3-8 所示。此时钢筋根据接头位置的不同分下位钢筋与上位钢筋。

若采用绑扎搭接

$$下位短插筋外露长度 = \max(H_n/6, h_c, 500) + l_{lE} \qquad (3-13)$$

$$上位长插筋外露长度 = \max(H_n/6, h_c, 500) + l_{lE} + 1.3l_{lE} \qquad (3-14)$$

若采用机械连接（或焊接）

$$下位短插筋外露长度 = \max(H_n/6, h_c, 500) \qquad (3-15)$$

$$上位长插筋外露长度 = \max(H_n/6, h_c, 500) + 35d(\max(35d, 500)) \qquad (3-16)$$

3）墙上柱插筋翻样

墙上柱按纵筋的锚固情况分为：柱与墙重叠一层起柱和墙顶直接起柱两种构造做法，如图 3-6 所示。

① 墙上柱插筋长度

$$插筋长度 = 墙内锚固长度 + 外露长度 \qquad (3-17)$$

按柱与墙重叠一层起柱构造时，墙上柱插筋伸入下层墙内锚固长度为下层墙高。

按墙顶直接起柱构造时，柱纵筋从楼板顶面伸至剪力墙内的锚固长度为 $1.2l_{aE}$，水平弯折长度 150mm。

$$墙内锚固长度 = 1.2l_{aE} + 150mm \qquad (3-18)$$

② 外露长度

墙上柱插筋伸出梁顶面一段长度后截断，且相邻接头应相互错开，构造要求如图 3-7、图 3-8 所示。墙上柱插筋外露长度计算与梁上柱一致。

（2）地下室框架柱纵筋翻样

当框架柱嵌固部位不在基础顶面时，地下室柱纵筋构造要求如图 3-8 所示。

本节地下室柱纵筋长度翻样计算以一层地下室为例，且钢筋连接方式为绑扎搭接；其他多层地下室机械连接和焊接的计算方法与之类似，如图 3-23 所示。

$$下位纵筋长度 = 地下室层高 - \max(H_n/6, h_c, 500) + H_n/3 + l_{lE本} \qquad (3-19)$$

$$上位纵筋长度 = 地下室层高 - \max(H_n/6, h_c, 500) - 1.3l_{lE本} + H_n/3 + 2.3l_{lE上} \qquad (3-20)$$

需注意本层柱搭接长度 $l_{lE}$ 与上层柱搭接长度 $l_{lE}$ 取值的区别。

（3）首层框架柱纵筋翻样

本节首层框架柱指的是嵌固部位上的第一层柱，首层框架柱纵筋构造要求如图 3-7 所示。首层框架柱纵筋长度翻样计算以绑扎搭接为例，机械连接和焊接的计算方法与之类似，如图 3-24 所示。

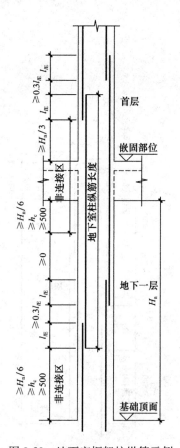

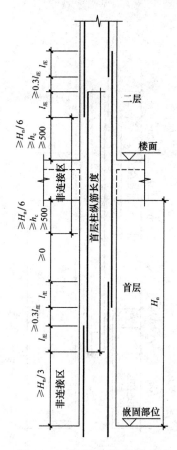

图 3-23  地下室框架柱纵筋示例          图 3-24  首层框架柱纵筋示例

$$下位纵筋长度 = 首层层高 - H_n/3 + \max(H_n/6, h_c, 500) + l_{lE本} \tag{3-21}$$

$$上位纵筋长度 = 首层层高 - H_n/3 - 1.3l_{lE本} + \max(H_n/6, h_c, 500) + 2.3l_{lE上} \tag{3-22}$$

需注意本层柱搭接长度 $l_{lE}$ 与上层柱搭接长度 $l_{lE}$ 取值的区别。

（4）中间层框架柱纵筋翻样

中间层框架柱纵筋构造要求如图 3-7 所示。中间层框架柱纵筋长度翻样计算以绑扎搭接为例，机械连接和焊接的计算方法与之类似，如图 3-25 所示。

$$下位纵筋长度 = 本层层高 - \max_{本}(H_n/6, h_c, 500) + \max_{上}(H_n/6, h_c, 500) + l_{lE上} \tag{3-23}$$

$$上位纵筋长度 = 本层层高 - \max_{本}(H_n/6, h_c, 500) - 1.3l_{lE本} + \max_{上}(H_n/6, h_c, 500) + 2.3l_{lE上} \tag{3-24}$$

需注意本层柱搭接长度 $l_{lE}$ 与上层柱搭接长度 $l_{lE}$ 取值的区别，本层 $\max(H_n/6, h_c, 500)$ 与上层 $\max(H_n/6, h_c, 500)$ 取值的区别。

（5）顶层中间框架柱纵筋翻样

顶层中间框架柱纵筋构造要求如图 3-17 所示。顶层中间框架柱纵筋长度翻样计算以绑扎搭接为例，机械连接和焊接的计算方法与之类似，如图 3-26 所示。

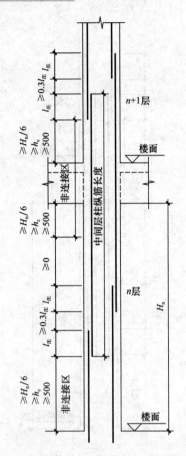

图 3-25　中间层框架柱纵筋示例

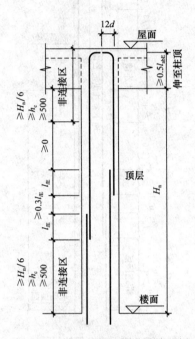

图 3-26　顶层中间框架柱纵筋示例

当梁高 − 保护层厚度 $\geqslant l_{aE}$ 时，柱纵筋伸入梁内可采取直锚。

$$下位纵筋长度 = 本层层高 - \max(H_n/6, h_c, 500) - 保护层厚 \qquad (3\text{-}25)$$

$$上位纵筋长度 = 本层层高 - \max(H_n/6, h_c, 500) - 1.3l_{lE} - 保护层厚 \qquad (3\text{-}26)$$

当 $l_{aE} >$ 梁高 − 保护层厚度 $\geqslant 0.5l_{abE}$ 时，柱纵筋伸入梁内可采取弯锚。

$$下位纵筋长度 = 本层层高 - \max(H_n/6, h_c, 500) - 保护层厚 + 12d \qquad (3\text{-}27)$$

$$上位纵筋长度 = 本层层高 - \max(H_n/6, h_c, 500) - 1.3l_{lE} - 保护层厚 + 12d$$
$$(3\text{-}28)$$

（6）顶层框架柱边柱、角柱纵筋翻样

框架柱边柱、角柱的柱顶纵向钢筋分为外侧钢筋和内侧钢筋，构造要求如图 3-18、图 3-19 所示。内侧钢筋的翻样与中柱纵筋的翻样一致；外侧钢筋在工程中常采用柱纵筋锚入梁内的构造形式，本节仅介绍这种构造形式的外侧纵筋翻样计算，如图 3-27 所示。

$$下位外侧纵筋长度 = 顶层层高 - 本层非连接区 - 顶层梁高 + 柱外侧纵筋锚固长度$$
$$(3\text{-}29)$$

$$上位外侧纵筋长度 = 顶层层高 - 本层非连接区 - 1.3l_{lE} - 顶层梁高$$
$$+ 柱外侧纵筋锚固长度 \qquad (3\text{-}30)$$

本层非连接区长度为 $\max(H_n/6, h_c, 500)$。柱外侧纵筋锚固长度根据构造的不同，有几种计算形式：

① 若现浇屋面板厚不小于 100mm 时，柱外侧纵筋全锚入梁板内 $\geqslant 1.5l_{abE}$，且超过柱内侧边缘时：

$$锚固长度 = 1.5l_{abE} \qquad (3-31)$$

② 若现浇屋面板厚不小于 100mm 时，柱外侧纵筋全锚入梁板内 $\geqslant 1.5l_{abE}$，但未超过柱内侧边缘时：

$$锚固长度 = \max(1.5l_{abE}, 梁高 - 保护层厚度 + 15d) \qquad (3-32)$$

③ 上述情况下，若柱外侧纵筋配筋率 $>$ 1.2% 时，柱外侧应分两批截断，第二批截断长度为上述锚固长度 $+20d$。

（7）框架柱上下层纵向钢筋配筋不同时纵筋翻样

1）框架柱上下层纵向钢筋根数不同时

框架柱上下层纵向钢筋根数不同时，构造要求如图 3-9 所示。

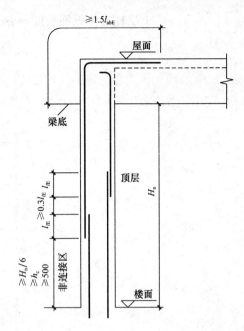

图 3-27　顶层框架柱边柱、角柱纵筋示例

上层柱钢筋比下层柱钢筋的根数多时，上层柱多出的钢筋伸入下层柱内锚固，从梁顶算起，锚固长度取为 $1.2l_{aE}$；其他钢筋长度同中间层钢筋计算。以绑扎搭接为例：

$$下位短插筋长度 = 1.2l_{aE} + \max(H_n/6, h_c, 500) + l_{lE} \qquad (3-33)$$

$$上位长插筋长度 = 1.2l_{aE} + \max(H_n/6, h_c, 500) + 2.3l_{lE} \qquad (3-34)$$

下层柱钢筋比上层柱钢筋的根数多时，下层柱多出的钢筋伸入上层柱内锚固，从梁底算起，锚固长度取为 $1.2l_{aE}$；其他钢筋长度同中间层钢筋计算。以绑扎搭接为例：

$$下位长插筋长度 = 下层层高 - \max(H_n/6, h_c, 500) - 梁高 + 1.2l_{aE} \qquad (3-35)$$

$$上位短插筋长度 = 下层层高 - \max(H_n/6, h_c, 500) - 1.3l_{lE} - 梁高 + 1.2l_{aE} \qquad (3-36)$$

2）框架柱上下层纵向钢筋直径不同时

框架柱上下层纵向钢筋直径不同时，构造要求如图 3-10 所示。

下层柱钢筋比上层柱钢筋的直径大时，下层较大直径钢筋伸入上层，穿过其下端的非连接区与上层较小直径的钢筋连接。其钢筋计算与中间层纵筋长度计算一致。

上层柱钢筋比下层柱钢筋的直径大时，上层较大直径钢筋伸入下层，穿过其上端的非连接区与下层较小直径的钢筋连接。本书以绑扎搭接为例，如图 3-28 所示。

$$下层柱下位纵筋长度 = 下下层层高 - \max_{下下层}(H_n/6, h_c, 500) + 下层层高 - 梁高 + \max_{下层}(H_n/6, h_c, 500) - 1.3l_{lE下层} \qquad (3-37)$$

$$下层柱上位纵筋长度 = 下下层层高 - \max_{下下层}(H_n/6, h_c, 500) - 1.3l_{lE下下层} + 下层层高 - 梁高 + \max_{下层}(H_n/6, h_c, 500) \qquad (3-38)$$

$$上层柱下位纵筋长度 = 2.3l_{lE下层} + \max_{下层}(H_n/6, h_c, 500) + 梁高 + \max_{上层}(H_n/6, h_c, 500) + l_{lE上层} \qquad (3-39)$$

上层柱上位纵筋长度 $=l_{lE\text{下层}}+\max_{\text{下层}}(H_{\text{n}}/6,h_{\text{c}},500)+$ 梁高

$$+\max_{\text{上层}}(H_{\text{n}}/6,h_{\text{c}},500)+2.3l_{lE\text{上层}} \qquad (3\text{-}40)$$

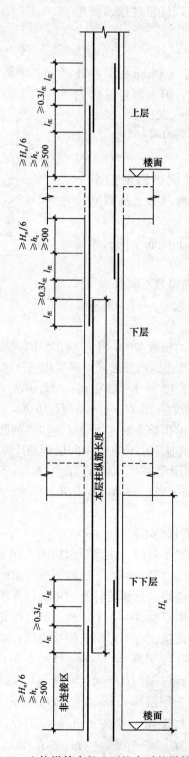

图 3-28  上柱纵筋直径比下柱大时的纵筋示例

其他钢筋长度同中间层钢筋计算。

（8）框架柱上下层柱截面改变时纵筋翻样

框架柱上下层柱截面尺寸发生改变时，柱纵筋有两种常用的构造措施：柱纵筋在节点内贯通和柱纵筋在节点内截断再锚固，如图 3-15、图 3-16 所示。

1）柱纵筋在节点内贯通

若上下层框架柱截面变化值 $\Delta$ 与所在楼层框架梁梁高的比值 $\Delta/h_b \leqslant 1/6$ 时，柱纵筋可在节点内连续贯通，如图 3-15 所示。在计算纵筋长度时可以忽略因变截面导致的纵筋的长度变化，其纵筋长度计算同中间层纵筋长度计算。

2）柱纵筋在节点内截断再锚固

若上下层框架柱截面变化值 $\Delta$ 与所在楼层框架梁梁高的比值 $\Delta/h_b > 1/6$ 时，柱纵筋不能在节点内连续布置，上下柱钢筋应分别在节点内锚固，下柱纵筋伸至梁顶上部纵筋内侧（$\geqslant 0.5l_{abE}$）后水平弯折 $12d$。上柱纵筋则向下直锚入节点内，锚固长度自梁顶算起为 $1.2l_{aE}$。如图 3-16 所示。非贯通筋长度计算方法以绑扎搭接为例，如图 3-29 所示。

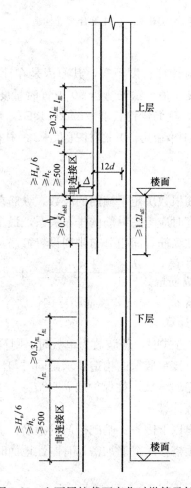

图 3-29 上下层柱截面变化时纵筋示例

下柱纵筋长度 = 下层层高 − 下层非连接区长度 − 梁保护层厚度 + $12d$ （3-41）

$$上柱插筋长度 = 1.2l_{aE} + 上层非连接区长度 + l_{lE} \tag{3-42}$$

### 3.4.2 柱箍筋（拉筋）翻样与计算

柱箍筋（拉筋）的翻样与计算包括箍筋（拉筋）的长度计算和根数计算。

（1）柱箍筋（拉筋）长度计算

箍筋常采用 $m \times n$ 肢筋的复合方式，由外封闭箍筋、内封闭箍筋和单肢箍筋（拉筋）形式构成，如图 3-30 所示。箍筋长度计算是指的包括外封闭箍筋、内封闭箍筋和单肢箍筋（拉筋）的复合箍筋总长度计算。

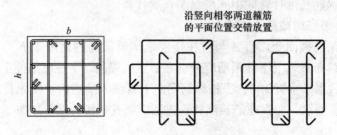

图 3-30　柱复合箍筋构造

1）外封闭箍筋长度计算

钢筋弯折后的下料长度与计算长度不等，其原因是在计算中箍筋长度是按外皮计算的，钢筋在弯折过程中有量度差值。箍筋弯折 90°位置时量度差值不计，箍筋弯折 135°弯钩时量度差值为 1.9$d$。因此，箍筋弯钩长度＝$\max(11.9d, 75 + 1.9d)$。

$$长度 = 2 \times [(柱宽 b - 2 \times 柱保护层 c) + (柱高 h - 2 \times 柱保护层 c) + 箍筋弯钩长度] \tag{3-43}$$

2）内封闭箍筋长度计算

在布置复合箍筋时，纵筋根数决定了箍筋的肢数，纵筋在复合箍筋框内按均匀、对称的原则布置，计算内箍筋长度时应考虑纵筋的排布关系，最多每隔一根纵筋应有一根箍筋或拉筋对纵筋进行拉结，按柱纵筋等间距分布排列设置箍筋，如图 3-30 所示。

$$长度 = 2 \times \left[ \frac{b - 2 \times 柱保护层 c - d_{纵筋} - 2 \times d_{外箍筋}}{纵筋根数 - 1} \times 间距个数 + d_{纵筋} + 2 \times d_{内箍筋} \right]$$
$$+ 2 \times (h - 2 \times 柱保护层 c) + 2 \times 箍筋弯钩长度 \tag{3-44}$$

3）单肢箍（拉筋）长度计算

当采用 $m \times n$ 肢筋的复合方式时，若肢数为单数时，则箍筋由若干封闭的双筋箍和一根单肢箍（拉筋）组合而成，该单肢箍的构造要求是同时勾住柱纵筋和外封闭箍筋。

$$长度 = 柱宽 b(柱高 h) - 2 \times 柱保护层 c + 2d_{单肢箍} + 2 \times 箍筋弯钩长度 \tag{3-45}$$

（2）柱箍筋（拉筋）根数计算

柱箍筋根数的计算要考虑以下因素：基础插筋的箍筋；抗震框架柱、梁上柱、墙上柱中箍筋的分布间距不同；采用搭接时箍筋加密；有刚性地面时对箍筋间距的影响。

1）基础插筋的箍筋

基础内插筋的箍筋设置要求为，间距不小于 500mm，且不少于两道外封闭箍筋。

$$根数 = \frac{插筋的竖直锚固长度 - 100}{500} + 1 \tag{3-46}$$

其中插筋竖直长度 $h$ = 基础高度 $h_j$ － 基础保护层厚度 $c$ － 基础钢筋网厚度　　（3-47）
按公式计算的箍筋个数不得小于计算结果的整数，且不少于 2。

2）底层柱箍筋根数

这里的底层柱是指嵌固部位以上的一层柱。箍筋加密区范围为嵌固部位以上 $H_n/3$，梁面至梁底以下 $\max(H_n/6, h_c, 500)$ 范围内。若采用搭接时，搭接长度范围内箍筋也要加密。

当采用机械连接和焊接时

$$根数 = \frac{\dfrac{H_n}{3} - 50}{加密间距} + \frac{梁高 + \max\left(\dfrac{H_n}{6}, h_c, 500\right)}{加密间距} + \frac{非加密区长度}{非加密间距} + 1 \quad (3-48)$$

当绑扎搭接时

$$根数 = \frac{\dfrac{H_n}{3} - 50}{加密间距} + \frac{梁高 + \max\left(\dfrac{H_n}{6}, h_c, 500\right)}{加密间距} + \frac{非加密区长度}{非加密间距} + \frac{2.3 l_{lE}}{\min(100, 5d)} + 1$$

$$(3-49)$$

其中非加密区长度为层高减去加密区总长度。按公式计算的箍筋个数不得小于计算结果的整数。

3）中间层和顶层柱箍筋根数

中间层和顶层的箍筋加密区范围为楼面以上 $\max(H_n/6, h_c, 500)$，梁面至梁底以下 $\max(H_n/6, h_c, 500)$ 范围内，若柱纵筋采用绑扎搭接时，搭接长度范围内箍筋也要加密。

当采用机械连接和焊接时

$$根数 = \frac{\max\left(\dfrac{H_n}{6}, h_c, 500\right)}{加密间距} + \frac{梁高 + \max\left(\dfrac{H_n}{6}, h_c, 500\right)}{加密间距}$$
$$+ \frac{非加密区长度}{非加密间距} \quad (3-50)$$

当绑扎搭接时

$$根数 = \frac{\max\left(\dfrac{H_n}{6}, h_c, 500\right)}{加密间距} + \frac{梁高 + \max\left(\dfrac{H_n}{6}, h_c, 500\right)}{加密间距}$$
$$+ \frac{非加密区长度}{非加密间距} + \frac{2.3 l_{lE}}{\min(100, 5d)} \quad (3-51)$$

其中非加密区长度为层高减去加密区总长度。按公式计算的箍筋个数不得小于计算结果的整数。

4）刚性地面箍筋根数

当框架柱底部存在刚性地面，刚性地面上下箍筋需要加密。

$$根数 = \frac{刚性地面厚度 + 1000}{加密间距} + 1 \quad (3-52)$$

### 3.4.3　柱钢筋翻样算例

1. 框架柱插筋计算

【已知条件】五层框架结构，采用强度等级为 C25 的混凝土，HRB335 钢筋，抗震等级

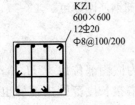

KZ1
600×600
12Φ20
Φ8@100/200

图 3-31　KZ1 截面注写

为四级，环境类别为一类；柱下为独立基础，基础高度 $h_j=800mm$，基础顶面标高为 $-1.000$，基础底面标高为 $-1.800$，保护层厚度 40mm，基础底板配双向 Φ12@150 的钢筋；每层与柱相交框架梁截面尺寸为 250mm×600mm；拟计算该框架角柱 KZ1，KZ1 的截面注写内容如图 3-31 所示，结构层楼面标高和结构层高如表 3-3 所示，柱纵筋采用焊接连接。

结构层楼面标高和结构层高　　　　　　　　　　　表 3-3

| 层号 | 标高（m） | 层高（m） |
|---|---|---|
| 屋面 | 19.450 | |
| 5 | 15.550 | 3.90 |
| 4 | 11.650 | 3.90 |
| 3 | 7.750 | 3.90 |
| 2 | 3.850 | 3.90 |
| 1 | −0.050 | 3.90 |

【要求】计算该角柱插筋的长度。

【计算过程】

（1）判断插筋选用哪种构造做法

根据已知条件，混凝土强度等级 C25，HRB335 钢筋，抗震等级为四级：$l_{aE}=33d$

柱外侧插筋保护层厚度 $>5d=5×20=100mm$

$h_j=800mm>l_{aE}=33d=33×20=660mm$

柱外侧插筋保护层厚度 $>5d$，$h_j>l_{aE}$

故按图 3-3（a）要求设置柱插筋，柱的所有钢筋伸至基础底部弯折 $max$（6d，150mm）。

（2）插筋长度计算

插筋长度＝基础内锚固长度＋基础外露长度

基础内锚固长度＝基础高度 $h_j$－保护层厚度 c－基础底板钢筋网厚度＋基础插筋弯折长度

基础高 $h_j=800mm$，保护层 40mm，基础底板双向钢筋网厚度 24mm

基础插筋弯折长度＝$max(6d，150mm)=max(6×18，150mm)=150mm$

基础内锚固长度＝800－40－24＋150＝886mm

根据构造要求，柱插筋应在底层非连接区外分两批截断，相邻钢筋接头错开 $max$（35d，500mm），故该柱 12 根插筋分为两批，每批 6 根。

底层柱净高 $H_n=[3850-(-1000)]-600=4250mm$

底层柱非连接区长度＝$H_n/3=4250/3=1417mm$

下位插筋的基础外露长度＝$H_n/3=4250/3=1417mm$

下位插筋长度＝886＋1417＝2303mm

上位插筋的基础外露长度＝$H_n/3+max(35d，500mm)=1417+700=2117mm$

上位插筋长度＝886＋2117＝3003mm

2. 框架柱底层纵筋计算

【已知条件】同 1. 框架柱插筋计算

【要求】计算该角柱底层纵筋的长度

【计算过程】参考图 3-7（c）所示柱纵筋焊接连接构造，底层柱相邻纵筋应错开，故底层纵筋分两批。

底层柱下位纵筋长度＝底层层高－底层非连接区长度＋二层非连接区长度

底层层高＝$3850-(-1000)=4850$mm

底层净高 $H_n=4850-600=4250$mm

底层非连接区长度＝$H_n/3=4250/3=1417$mm

二层柱净高＝$7750-3850-600=3300$mm

二层非连接区长度＝$\max(H_n/6,h_c,500)=600$mm

底层柱下位纵筋长度＝$4850-1417+600=4033$mm

底层柱上位纵筋长度＝底层层高－底层非连接区长度－底层钢筋接头间距＋二层非连接区长度＋二层钢筋接头间距

因底层钢筋接头间距＝二层钢筋接头间距＝$\max(35d,500\text{mm})=700$mm

故底层柱上位纵筋长度＝底层柱下位纵筋长度＝$4033$mm

3. 框架柱中间层纵筋计算

【已知条件】同 1. 框架柱插筋计算

【要求】计算该角柱中间层纵筋的长度

【计算过程】参考图 3-7（c）所示柱纵筋焊接连接构造，中间层柱相邻纵筋应错开，故中间层纵筋分两批。

下位纵筋长度＝本层层高－本层非连接区长度＋上层非连接区长度

上位纵筋长度＝本层层高－本层非连接区长度－本层钢筋接头间距＋上层非连接区长度＋上层钢筋接头间距

因为二层、三层、四层层高均相同，各层钢筋接头间距也相同，故有

下位纵筋长度＝上位纵筋长度＝本层层高－本层非连接区长度＋上层非连接区长度

　　　＝$3900-600+600=3900$mm

4. 框架柱顶层纵筋计算

【已知条件】同 1. 框架柱插筋计算

【要求】计算该角柱顶层纵筋的长度

【计算过程】如无特殊要求，顶层柱纵筋构造可参考图 3-18 所示角柱柱顶纵筋构造，角柱纵筋应分为外侧钢筋与内侧钢筋，内外侧钢筋根据焊接接头位置的不同又分为下位与上位钢筋，故在角柱纵筋在顶层分为四批。

顶层梁高为 600mm，梁、柱保护层厚度均为 25mm

故 $h_c-c=575\text{mm}<l_{aE}=33d=33\times20=660$mm，柱内侧纵筋在柱顶应采用弯锚构造

内侧下位钢筋长度＝顶层净高－顶层非连接区长度＋内侧纵筋锚固长度

　　　＝$(3900-600)-\max(H_n/6,h_c,500)+(600-25+12d)$

　　　＝$3300-600+815=3515$mm

内侧上位钢筋长度＝顶层净高－顶层非连接区长度－顶层钢筋接头间距＋内侧纵筋锚

固长度
$$=(3900-600)-\max(H_n/6,h_c,500)-\max(35d,500mm)+$$
$$(600-25+12d)$$
$$=3300-600-700+815=2815mm$$

因 $1.5l_{abE}=1.5\times33d=1.5\times33\times20=990mm$

则柱外侧钢筋水平段长度$=990-(600-25-8)=423mm$，外侧纵筋未超出柱内缘且有柱外侧钢筋水平段长度$\geq15d=300mm$，故柱外侧纵筋可选用图 3-18（c）所示角柱柱顶纵筋锚固构造；柱外侧纵筋配筋率$=1257/(600\times600)=0.0035=0.35\%$（$<1.2\%$）

说明柱外侧纵筋伸入梁内后，不必分两批截断。

外侧下位钢筋长度$=$顶层净高$-$顶层非连接区长度$+$外侧纵筋锚固长度
$$=(3900-600)-\max(H_n/6,h_c,500)+1.5l_{abE}$$
$$=3300-600+990=3690mm$$

外侧上位钢筋长度$=$顶层净高$-$顶层非连接区长度$-$顶层钢筋接头间距$+$外侧纵筋锚固长度
$$=(3900-600)-\max(H_n/6,h_c,500)-\max(35d,500mm)+$$
$$1.5l_{abE}$$
$$=3300-600-700+990=2990mm$$

**5. 框架柱箍筋计算**

【已知条件】同 1. 框架柱插筋计算

【要求】计算该角柱箍筋的长度与根数

【计算过程】

（1）基础插筋在基础中的箍筋

基础插筋在基础中的箍筋为非复合箍筋，箍筋直径同柱箍筋直径，间距$\leq500mm$，且不少于两道。

箍筋弯钩长度$=\max(11.9d,75+1.9d)=95.2mm$

箍筋长度$=(600-2\times25)\times4+2\times95.2=2390.4mm$

箍筋个数$=(800-40-24-100)/500+1=3$ 根

（2）一～五层柱箍筋

KZ1 采用复合箍筋，直径为 8mm，加密区间距为 100mm，非加密区间距为 200mm。

外封闭箍筋长度$=(600-2\times25)\times4+2\times95.2=2390.4mm$

内封闭箍筋长度$=2\times\left[\dfrac{600-2\times25-20-2\times8}{3}+20+2\times8\right]+2\times(600-2\times25)+2\times95.2=1705mm$

箍筋总长度$=1705\times2+2390.4=4095.4mm$

一层箍筋根数：

柱根加密区长度$=H_n/3=4250/3=1417mm$，柱根处第一道箍筋距离基础顶面为 50mm

一层柱根箍筋加密区内箍筋数量$=(1417-50)/100+1=14+1=15$ 根

一层柱顶（含梁高范围）箍筋加密区长度$=\max(H_n/6,h_c,500)+H_b=709+600=$

1309mm

一层柱顶（含梁高范围）箍筋加密区内箍筋数量＝1309/100＋1＝15 根

一层柱非加密区长度＝4250－1417－709＝2124mm

一层柱非加密区内箍筋数量＝2124/200－1＝10 根

一层柱箍筋数量＝15＋15＋10＝30 根

二～五层箍筋根数：

中间层柱根加密区长度＝$\max(H_n/6，h_c，500)$＝600mm

中间层柱根箍筋加密区内箍筋数量＝600/100＝6 根

中间层柱顶（含梁高范围）箍筋加密区长度＝$\max(H_n/6，h_c，500)$＋$H_b$＝600＋600＝1200mm

中间层柱顶（含梁高范围）箍筋加密区内箍筋数量＝1200/100＝12 根

中间层柱非加密区长度＝3300－600－600＝2100mm

中间层柱非加密区内箍筋数量＝2100/200＝11 根

中间层柱箍筋数量＝6＋12＋11＝29 根

二～五层箍筋根数＝29×4＝116 根

## 本单元小结

本单元主要论述柱平法施工图的截面注写和列表注写方式、柱的标准构造详图、框架结构中柱纵筋和箍筋的计算等相关知识。通过柱钢筋翻样计算实例详细讲解框架柱的钢筋翻样计算。

通过本单元的学习，能够熟练、准确识读柱平法施工图，掌握施工图的制图规则与标准构造要求，能够根据柱平法施工图进行柱钢筋翻样图绘制与计算。

## 练习思考题

3-1　柱平法施工图的表示方法哪几种？柱如何编号？

3-2　柱的截面注写和列表注写方式的内容有哪些？

3-3　绘图表示框架结构，上下层柱纵筋数量、根数不同时，其构造做法是什么？

3-4　绘图表示框架结构，上下层柱截面不同时，柱内纵筋构造做法是什么？

3-5　柱顶层节点位置纵筋的构造形式有哪些？

3-6　试述框架柱内纵筋伸入基础构件的构造要求。

3-7　试述框架柱内箍筋在刚性地面、各楼层处、顶层的加密构造要求。

# 教学单元 4　梁平法施工图识读与钢筋翻样

**【学习目标】** 熟悉梁平法施工图两种表示方法，掌握常用梁钢筋构造详图、梁钢筋翻样计算。

## 4.1　梁构件简介

梁是建筑物的主要受弯构件。建筑工程中常用的梁有框架梁、次梁、框支梁、井字梁、雨篷梁、过梁、圈梁、楼梯梁、基础梁、吊车梁和连系梁等。由于外力作用方式和支承方式的不同，各种梁的弯曲变形情况也不同，所以不同类型梁内配置钢筋的种类、形状及数量也不相同。但是，梁内各种钢筋的类别及作用却基本相同。

梁内钢筋的配置通常有下列几种形式，如图 4-1 所示。

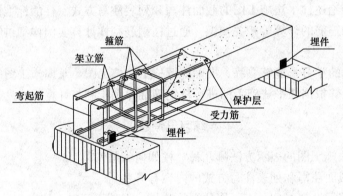

图 4-1　梁内钢筋布置图

（1）纵向受力钢筋

纵向受力钢筋的主要作用是承受外力作用下梁内产生的拉力。因此，纵向受力钢筋应配置在梁的受拉区。

（2）弯起钢筋

弯起钢筋通常是由纵向钢筋弯起形成的。其主要作用是除在梁跨中承受正弯矩产生的拉力外，在梁靠近支座的弯起段还要承受弯矩和剪力共同作用产生的主拉应力。

（3）架立钢筋

架立钢筋的主要作用是固定箍筋保证其正确位置，并形成一定刚度的钢筋骨架。同时，架立钢筋还能承受因温度变化和混凝土收缩而产生的应力，防止裂缝产生。架立钢筋一般与纵向受力钢筋平行，放置在梁的受压区箍筋内的两侧。

（4）箍筋

箍筋的主要作用是承受剪力。此外，箍筋与其他钢筋通过绑扎或焊接形成一个整体性良好的空间骨架。箍筋一般垂直于纵向受力钢筋布置。

（5）梁侧纵向钢筋（腰筋）

梁侧纵向钢筋又称为腰筋，根据作用的不同分为二种：一种为抗扭筋，在图纸上以 N 开头，一种为构造配筋，以 G 开头。腰筋在梁的两侧对称配置，且受扭纵向钢筋不再重复配置纵向构造钢筋。

## 4.2 梁平法施工图制图规则

梁平法施工图制图规则是在梁平面布置图上采用平面注写方式或截面注写方式表达梁结构设计内容的方法。本节的内容主要有：梁平法施工图的表示方法、平面注写方式和截面注写方式等。

### 4.2.1 梁平法施工图的表示方法

假想沿着每层楼板面将建筑物水平剖开，向下投影而成的即为梁平面布置图，图中包括全部梁及与其相关联的柱、墙、板。梁平面布置图应分别按梁的不同结构层（标准层），将全部梁和与其相关联的柱、墙、板采用适当比例绘制。

在梁的平面布置图上设计人员采用平面注写方式或截面注写方式直接表达梁的截面尺寸、配筋、偏心尺寸（仅对轴线未居中的梁）和梁顶面标高高差（仅用于有高差时）的具体数值，就形成了梁平法施工图。

除此之外，梁平法施工图中还包含结构层楼面标高、结构层高及相应的结构层号表，便于明确图纸所表达梁标准层所在的层数，并提供梁顶面相对标高高差的基准标高。而梁平法施工图中未包括的构件构造和节点构造设计详图，该部分内容以标准构造详图的方式统一提供。

一般情况下，梁平法施工图中标注的尺寸以毫米（mm）为单位，标高以米（m）为单位。

### 4.2.2 梁平面注写方式

1. 含义

梁平面注写方式是在梁平面布置图上，分别在不同编号的梁中各选一根梁，在其上注写截面尺寸和配筋的方式来表达梁平法施工图，如图 4-2 所示。

平面注写包括集中标注与原位标注，集中标注表达梁的通用数值，原位标注表达梁的特殊数值。当集中标注中的某项数值不适用于梁的某部位时，则将该项数值原位标注。施工时，原位标注取值优先。

2. 集中标注

梁集中标注的内容有 5 项必注值和 1 项选注值（连续梁的集中标注线可以从梁的任意一跨引出），它们分别是：

（1）梁编号

梁编号由梁类型代号、序号、跨数及有无悬挑代号等组成，并应符合表 4-1 的规定，该项为必注项。

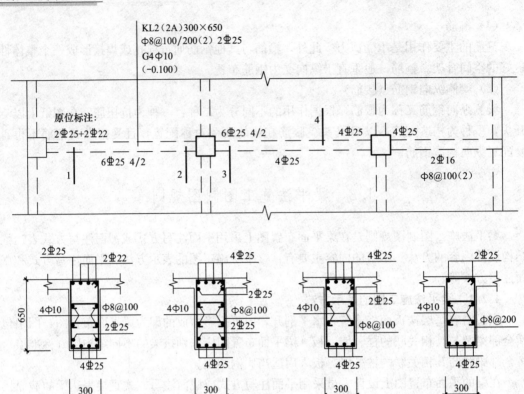

图 4-2　平面注写方式示例

表 4-1
梁编号

| 梁类型 | 代号 | 序号 | 跨数及是否带有悬挑 |
|---|---|---|---|
| 楼层框架梁 | KL | ×× | （××）、（××**A**）或（××**B**） |
| 屋面框架梁 | WKL | ×× | （××）、（××**A**）或（××**B**） |
| 框支梁 | KZL | ×× | （××）、（××**A**）或（××**B**） |
| 非框架梁 | L | ×× | （××）、（××**A**）或（××**B**） |
| 悬挑梁 | XL | ×× | |
| 井字梁 | JZL | ×× | （××）、（××**A**）或（××**B**） |

注：（××**A**）为一端有悬挑，（××**B**）为两端有悬挑，悬挑不计入跨数。

**【例题 4-1】**　1. KL7（5A）表示第 7 号框架梁，5 跨，一端有悬挑；

2. WKL7（5）表示第 7 号屋面框架梁，5 跨，没有悬挑；

3. L9（7B）表示第 9 号非框架梁，7 跨，两端有悬挑。

（2）梁截面尺寸

梁截面尺寸为必注项。等截面梁时，用 $b×h$ 表示；竖向加腋梁时，用 $b×h\,\mathrm{GY}c_1×c_2$ 表示，其中 $c_1$ 为腋长，$c_2$ 为腋高，如图 4-3 所示。

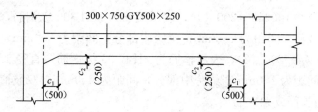

图 4-3　竖向加腋截面注写示意图

水平加腋梁时，一侧加腋用 $b \times h$ PY$c_1 \times c_2$ 表示，其中 $c_1$ 为腋长，$c_2$ 为腋宽，如图 4-4 所示。

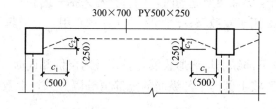

图 4-4　水平加腋截面注写示意图

当有悬挑梁且根部和端部的高度不同时，用斜线分隔根部与端部的高度值，即为 $b \times h_1/h_2$，如图 4-5 所示。

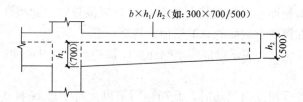

图 4-5　悬挑梁不等高截面尺寸注写示意图

（3）梁箍筋

梁箍筋为必注值，包括箍筋级别、直径、加密区与非加密区间距及肢数。箍筋加密区与非加密区的不同间距及肢数需用斜线"/"分隔；当梁箍筋为同一种间距及肢数时，则不需用斜线；当加密区与非加密区的箍筋肢数相同时，则将肢数注写一次；箍筋肢数应写在括号内。加密区范围见相应抗震级别的标准构造详图。

【例题 4-2】　$\Phi 10@100/200$ （4），表示箍筋为 HPB300 级钢筋，直径 10mm，加密区间距为 100mm，非加密区间距为 200mm，均为四肢箍。

$\Phi 8@100$ （4）/150 （2），表示箍筋为 HPB300 级钢筋，直径 8mm，加密区间距为 100mm，四肢箍；非加密区间距为 150mm，两肢箍。

当抗震结构中的非框架梁、悬挑梁、井字梁及非抗震结构中的各类梁采用不同的箍筋间距及肢数时，也用斜线"/"将其分隔开来。先注写梁支座端部的箍筋（包括箍筋的箍数、箍筋级别、直径、间距与肢数），在斜线后注写梁跨中部分的箍筋间距及肢数。

【例题 4-3】 13φ10@150/200（4），表示箍筋为 HPB300 级钢筋，直径 10mm；梁的两端各有 13 个四肢箍，间距为 150mm；梁跨中部分，间距为 200mm，四肢箍。

18φ12@150（4）/200（2），表示箍筋为 HPB300 级钢筋，直径 12mm；梁的两端各有 18 个四肢箍，间距为 150mm；梁跨中部分，间距为 200mm，双肢箍。

（4）梁上部通长筋或架立筋

梁上部通长筋或架立筋配置（通长筋可为相同或不同直径采用机械连接、搭接连接或焊接的钢筋），该项为必注值。所注规格与根数应根据结构受力要求及箍筋肢数等构造要求而定。当同排纵筋中既有通长筋又有架立筋时，应用加号"＋"将通长筋和架立筋相连。注写时须将角部纵筋写在加号的前面，架立筋写在加号后面的括号内，以示不同直径及与通长筋的区别。当全部采用架立筋时，则将其写入括号内。

【例题 4-4】 2φ22 用于双肢箍；2φ22＋（4φ12）用于六肢箍，其中 2φ22 为通长筋，4φ12 为架立筋。

当梁的上部纵筋和下部纵筋均为通长筋，且多数跨配筋相同时，此项可加注下部纵筋的配筋值，用分号"；"将上部与下部纵筋的配筋值分隔开来，少数跨不同者采用原位标注辅助修正。

【例题 4-5】 3φ22；3φ20 表示梁的上部配置 3φ22 的通长筋，梁的下部配置 3φ20 的通长筋。

（5）梁侧面纵向构造钢筋或受扭钢筋

梁侧面纵向构造钢筋或受扭钢筋配置，该项为必注值。当梁腹板高度 $h_w \geqslant 450mm$ 时，须配置纵向构造钢筋，所注规格与根数应符合规范规定。此项注写值以大写字母 G 打头，再注写设置在梁两个侧面的总配筋值，且对称配置。

【例题 4-6】 G4φ12，表示梁的两个侧面共配置 4φ12 的纵向构造钢筋，每侧各配置 2φ12。

当梁侧面需配置受扭纵向钢筋时，此项注写值以大写字母 N 打头，再注写配置在梁两个侧面的总配筋值，且对称配置。受扭纵向钢筋应满足梁侧面纵向构造钢筋的间距要求，且不再重复配置纵向构造钢筋。

【例题 4-7】 N6φ22，表示梁的两个侧面共配置 6φ22 的受扭纵向钢筋，每侧各配置 3φ22。

（6）梁顶面标高高差

此项为选注值。梁顶面标高高差是指相对于结构层楼面标高的高差值。对于位于结构夹层的梁，则指相对于结构夹层楼面标高的高差。有高差时，须将其写入括号内，无高差时不注。当梁的顶面高于所在结构层的楼面标高时，其标高高差为正值，反之为负值。

【例题 4-8】 某结构层的楼面标高为 44.950m，当某梁的梁顶面标高高差注写为 −0.050 时即表明该梁顶的标高为相对于 44.950m 低 0.05m。

3. 原位标注

由于梁的很多部位仅用集中注写的内容不能全面、清晰地表达出所有的设计内容，比如，在梁支座上部增加的支座负筋、梁截面尺寸的局部改变等信息。因此，平法中用到了原位标注。

原位标注的内容主要是表达梁本跨内的设计数值以及修正集中标注内容中不适用于本跨的内容。因此，当集中标注与原位标注不一致时，应取用原位标注数值。

梁原位标注的内容规定如下：

（1）梁支座上部纵筋

梁支座上部纵筋是指标注该部位含通长筋在内的所有纵筋。

当上部纵筋多于一排时，用斜线"/"将各排纵筋自上而下分开。

【例题 4-9】　梁支座上部纵筋注写为 6$\Phi$25 4/2，则表示上一排纵筋为 4$\Phi$25，下一排纵筋为 2$\Phi$25。

当同排纵筋有两种直径时，用加号"＋"将两种直径的纵筋相连，注写时将角部纵筋写在前面。

【例题 4-10】　梁支座上部有四根纵筋，2$\Phi$25 放在角部，2$\Phi$22 放在中部，在梁支座上部应注写为 2$\Phi$25＋2$\Phi$22。

当梁中间支座两边的上部纵筋不同时，须在支座两边分别标注；当梁中间支座两边的上部纵筋相同时，可仅在支座的一边标注配筋值，将另一边省略，如图 4-2 所示。

（2）梁下部纵筋

当下部纵筋多于一排时，用斜线"/"将各排自上而下分开。

【例题 4-11】　梁下部纵筋注写为 6$\Phi$25 2/4，则表示上一排纵筋为 2$\Phi$25，下一排纵筋为 4$\Phi$25，全部伸入支座。

当同排纵筋有两种直径时，用加号"＋"将两种直径的纵筋相连，注写时角筋写在前面。

当梁下部纵筋不全部伸入支座时，将梁支座下部纵筋减少的数量写在括号内。

【例题 4-12】　梁下部纵筋注写为 6$\Phi$25 2(−2)/4，则表示上排纵筋为 2$\Phi$25，且不伸入支座；下一排纵筋为 4$\Phi$25，全部伸入支座。

梁下部纵筋注写为 2$\Phi$25＋3$\Phi$22(−3)/5$\Phi$25，则表示上排纵筋为 2$\Phi$25 和 3$\Phi$22，其中 3$\Phi$22 不伸入支座；下一排纵筋为 5$\Phi$25，全部伸入支座。

（3）附加箍筋或吊筋

在主次梁相交处，由于次梁直接将荷载集中作用于主梁上，为防止主梁发生破坏，在主次梁相交处，次梁作用于主梁位置的两侧设计附加箍筋或吊筋。将附加箍筋或吊筋直接画在平面图中的主梁上，用线引注总配筋值（附加箍筋的肢数注在括号内）。当多数附加箍筋或吊筋相同时，可在梁平法施工图上统一注明，少数与统一注明值不同时，采用原位引注。施工时应注意：附加箍筋或吊筋的几何尺寸应按照标准构造详图，结合其所在位置的主梁和次梁的截面尺寸而定。

（4）修正内容

当在梁上集中标注的内容（梁截面尺寸、箍筋、上部通长筋或架立筋、梁侧面纵向构造筋或受扭纵向钢筋、梁顶面标高高差）中的一项或几项内容不适用于某跨或某悬挑端时，则将其不同数值信息内容原位标注在该跨或该悬挑部位，施工时，优先选用原位标注。

4. 井字梁平面注写方式

井字梁通常由非框架梁构成，并以框架梁为支座（特殊情况下以专门设置的非框架大梁为支座）。为明确区分井字梁与作为井字梁支座的梁，井字梁用单粗虚线表示（当井字梁顶面高出板面时可用单粗实线表示），作为井字梁支座的梁用双细虚线表示（当梁顶面高出板面时可用双细实线表示）。

井字梁的分布范围称为"矩形平面网格区域"（简称"网格区域"）。在结构平面布置中仅由四根框架梁框起的一片网格区域内，所有在该区域相互正交的井字梁均为单跨，当有多片网格区域相连时，贯通多片网格区域的井字梁为多跨，且相邻两片网格区域的分界梁即为该井字梁的中间支座。

井字梁的注写规则与普通梁相同，但在原位标注的梁上部支座纵筋值后加注其向跨内的延伸长度。

### 4.2.3 梁截面注写方式

梁截面注写方式是在分标准层绘制的梁平面布置图上，分别在不同编号的梁中各选择一根梁用剖面号引出配筋图，并在其上注写截面尺寸和配筋具体数值，以此表示梁平法施工图，如图4-6所示。梁截面注写的内容有：截面尺寸 $b \times h$、上部筋、下部筋、侧面筋和箍筋等，其表达方式与平面注写方式相同。截面注写方式既可以单独使用，也可与平面注写方式结合使用。

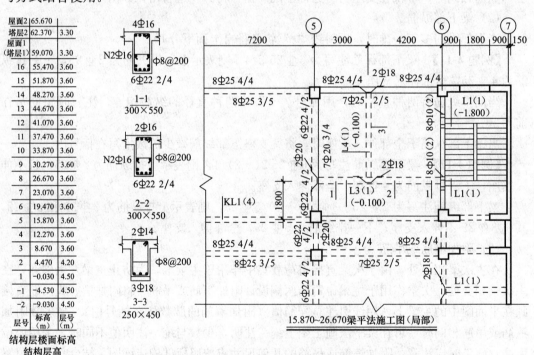

图4-6 梁平法施工图截面注写方式示意图

# 4.3 梁标准构造详图

### 4.3.1 楼层框架梁纵向钢筋构造

1. 抗震楼层框架梁纵向钢筋构造

一～四级抗震等级的楼层框架梁纵向钢筋的构造要求包括：上部纵筋构造、下部纵筋构造和节点锚固要求，如图 4-7 所示。

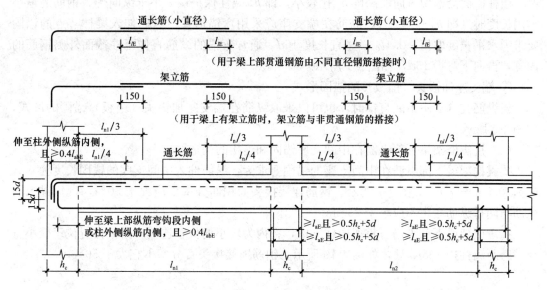

图 4-7　抗震楼层框架梁纵向钢筋构造

（1）框架梁端支座和中间支座上部非通长纵筋的截断位置

框架梁端部或中间支座上部非通长纵筋自柱边算起，其长度统一取值为：非贯通纵筋位于第一排时为 $l_n/3$，非贯通纵筋位于第二排时为 $l_n/4$，若有多于三排的非通长钢筋设计，则依据设计确定具体的截断位置。其中 $l_n$ 的取值为：端支座处为本跨净跨，中间支座为左右两跨梁净跨的较大值。

（2）抗震框架梁上部通长筋的构造要求

当跨中通长钢筋直径小于梁支座上部纵筋时，通常钢筋分别与梁两端支座上部纵筋搭接，搭接长度为 $l_{lE}$，且按 100％接头面积百分率计算搭接长度。当通长钢筋直径与梁端上部纵筋相同时，将梁端支座上部纵筋中按通长筋的根数延伸至跨中 1/3 净跨范围内交错搭接、机械连接或者焊接。当采用搭接连接时，搭接长度为 $l_{lE}$，且当作同一连接区段时按100％搭接接头面积百分率计算搭接长度，当不在同一区段内时，按 50％搭接接头面积百分率计算搭接长度。

当框架梁设置箍筋的肢数大于 2 肢，且当跨中通长钢筋仅为 2 根时，补充设计的架立钢筋与非贯通钢筋的搭接长度为 150mm。

（3）抗震框架梁上部与下部纵筋在端支座锚固的要求

① 直锚形式

楼层框架梁中，当柱截面沿框架方向的高度 $h_c$ 比较大时，即 $h_c$ 减柱保护层 $c$ 大于等于纵向受力钢筋的最小锚固长度时（即 $h_c-c\geqslant l_{aE}$），纵筋在端支座可以采用直锚形式。直锚长度取值为 $\max(l_{aE}，0.5h_c+5d)$，工程中的做法为：直锚的纵筋直伸至柱截面外侧钢筋的内侧，如图 4-8 所示。

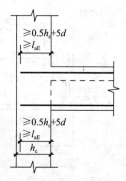

图 4-8　纵筋在端支座的
直锚构造

② 弯锚形式

当柱截面沿框架方向的高度 $h_c$ 比较小，即 $h_c$ 减柱保护层 $c$ 小于纵向受力钢筋的最小锚固长度时（即 $h_c-c<l_{aE}$），纵筋在端支座应采用弯锚形式。纵筋伸入梁柱节点的锚固要求为水平长度取值 $\geqslant 0.4l_{lE}$，竖直长度 $15d$。通常弯锚的纵筋直伸至柱截面外侧钢筋的内侧，再向下弯折 $15d$，如图 4-7 所示。

③ 端支座加锚头（锚板）的锚固形式

当纵筋在端支座不能直锚时，也可以采取纵筋在端支座加锚头（锚板）锚固的形式，如图 4-9 所示。

（4）抗震框架梁下部纵筋在中间支座锚固和连接的构造要求

抗震框架梁下部纵筋在中间支座的锚固要求为：纵筋伸入中间支座的锚固长度为 $\max(l_{aE}, 0.5h_c+5d)$，如图 4-7 所示。钢筋连接接头面积面分率不应大于 50%，弯折锚入的纵筋与同排纵筋净距不应小于 25mm。

抗震框架梁下部纵筋可贯通中柱支座，在内力较小的位置连接。搭接位置位于较小直径一跨距离柱边 $1.5h_0$ 处，如图 4-10 所示。钢筋连接接头百分率不宜大于 50%。

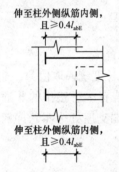

伸至柱外侧纵筋内侧，
且 $\geqslant 0.4l_{abE}$

伸至柱外侧纵筋内侧，
且 $\geqslant 0.4l_{abE}$

图 4-9 支座加锚头（锚板）的锚固构造

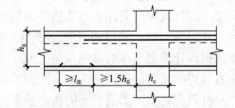

图 4-10 中间层中间节点梁下部筋在节点外搭接

2. 非抗震楼层框架梁纵向钢筋构造

非抗震楼层框架梁纵向钢筋的构造要求根据图集内容，分为上部纵筋、下部纵筋构造和节点锚固要求，如图 4-11 所示。

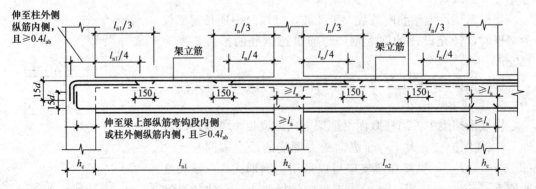

图 4-11 非抗震楼层框架梁纵向钢筋构造

（1）框架梁端支座和中间支座上部非通长纵筋的截断位置

框架梁端部或中间支座上部非通长纵筋自柱边算起，其截断位置与抗震框架梁支座上部非通长纵筋的截断位置相同，如图 4-11 所示。

（2）非抗震框架梁上部通长筋和下部受力筋的构造要求

非抗震框架梁的架立钢筋分别与梁两端支座上部纵筋构造搭接，长度为 150mm，且应有一道箍筋位于该长度范围内。非框架梁的下部纵筋可采用搭接、机械连接或焊接等方式在梁靠近支座 $l_{ni}/3$ 范围内连接，即：支座范围内 $l_{ni}/3$ 的位置为下部纵筋在支座和节点范围之外的连接区域，连接的根数不应多于总根数的 50%。

（3）非抗震框架梁上部与下部纵筋在端支座的锚固要求

非抗震楼层框架梁上部与下部纵筋在端支座的锚固要求与抗震楼层框架梁上部与下部纵筋在端支座的锚固要求相同，此时锚固长度取 $l_a$，如图 4-11～图 4-13 所示。

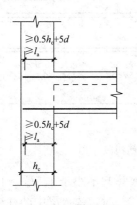

图 4-12　非抗震楼层框架梁端支座钢筋
直锚构造

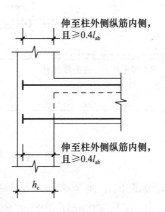

图 4-13　非抗震楼层框架梁端支座钢筋加
锚头（锚板）锚固构造

（4）非抗震框架梁下部纵筋在中间支座锚固和连接的构造要求

非抗震框架梁下部纵筋在中间支座锚固有直锚和弯锚两种形式。直锚的构造措施为纵筋深入中间支座的锚固长度为 $l_a$；弯锚的构造要求为下部纵筋伸入中间节点柱内侧边缘（水平段构造要求为 $\geq 0.4l_a$），竖直弯折 $15d$。

非抗震框架梁下部纵筋可贯通中柱支座，在内力较小的位置连接。搭接位置位于较小直径一跨距离柱边 $1.5h_0$ 处，如图 4-14 所示。钢筋连接接头百分率不宜大于 50%。

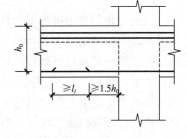

图 4-14　中间层中间节点梁下部筋
在节点外搭接

### 4.3.2　屋面框架梁纵向钢筋构造

1. 抗震屋面框架梁纵向钢筋构造

抗震屋面框架梁纵向钢筋构造如图 4-15 所示。抗震屋面框架梁纵向钢筋构造与楼层框架梁纵向钢筋构造基本类似，区别在于端支座上部纵向钢筋的构造。屋面框架梁纵向钢筋在端支座处的构造与框架柱构造相关，分为柱纵筋锚入梁中和梁上部纵筋锚入柱中两种构造类型。

（1）柱外侧纵筋锚入梁中

柱外侧纵筋锚入梁中的梁纵筋构造要求如图 4-15 所示。梁上部纵筋伸至柱外侧纵筋内侧，弯折伸至梁底，当梁有加腋时伸至腋的根部位置。梁下部纵筋的构造措施同楼层框架梁上下部纵筋的构造措施。

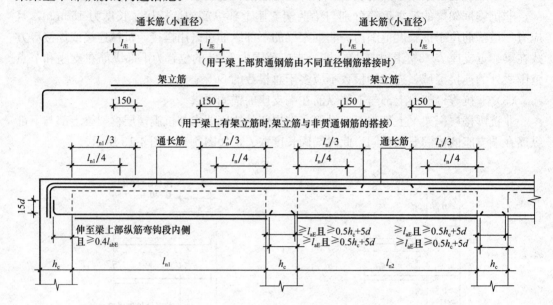

图 4-15　抗震屋面框架梁纵向钢筋构造

柱外侧纵筋向上伸至梁顶水平弯折，锚固长度自梁底算起不小于 $1.5l_{aE}$，且从柱内侧边缘算起，不小于 500mm；当柱外侧纵筋配筋率大于 1.2% 时，锚入梁中的柱纵筋分两批截断，锚固长度自梁底算起分别 $\geqslant1.5l_{aE}$ 和 $1.5l_{aE}+20d$，两批钢筋的截断间距为 $20d$。柱外侧钢筋配筋率计算方法为：

$$柱外侧钢筋配筋率 = \frac{柱外侧全部纵筋截面面积}{柱截面面积\ b\times h}\times100\% \qquad (4\text{-}1)$$

竖向弯折的梁上部纵筋与柱外侧纵筋的净距，或者延伸入梁或板内的柱外侧纵筋与梁上部纵筋之间的净距均为 25mm。为保证节点部位钢筋和混凝土较好的粘结，节点部位梁柱在顶层的钢筋通常有两种布置形式：一种是梁柱顶面保持水平，即柱外侧纵筋向上伸至梁上部纵筋之下，净距 25mm，弯折后向梁内延伸；另一种构造措施是梁柱节点顶面微凸，即柱外侧纵筋向上伸至梁上部纵筋之上，净距 25mm，弯折后向梁内延伸。两种构造措施可自主选择，当为较高的抗震等级时，宜选择梁柱节点顶面微凸的构造形式。

（2）梁上部纵筋锚入柱中

梁上部纵筋锚入柱中时，端部梁纵筋构造要求如图 4-16 所示。

梁上部纵筋伸至柱外侧纵筋内侧向下弯折，竖直搭接长度 $\geqslant1.7l_{aE}$；当梁上部纵筋配筋率大于 1.2% 时，锚入柱中的梁上部纵筋分两批截断，竖直搭接长度分别 $\geqslant1.7l_{aE}$ 和 $1.7l_{aE}+20d$，两批钢筋的截断间距为 $20d$。梁外侧钢筋配筋率计算公式为：

$$梁外侧钢筋配筋率 = \frac{梁上部全部纵筋截面面积}{梁有效截面面积\ b\times h}\times100\% \qquad (4\text{-}2)$$

此时，柱外侧纵筋伸至柱顶即可。梁柱节点顶层的钢筋通常有两种布置形式：柱外侧纵筋向上伸至梁顶部外侧纵筋以上（柱顶微凸）或以下（梁顶柱水平），水平弯折 12d。施工时可自主选择梁柱顶面的钢筋布置形式，但当结构杭震等级较高时，宜采用柱顶微凸的构造形式。为保证节点部位钢筋和混凝土较好的粘结，梁上部纵筋与柱外侧纵筋的净距，或者延伸入梁或板内的柱外侧纵筋与梁上部纵筋之间的净距均为 25mm。

2. 非抗震屋面框架梁纵向钢筋构造

非抗震屋面框架梁纵筋构造与抗震屋面框架梁纵筋构造一致，如图 4-17 所示。此时锚固长度取 $l_a$。

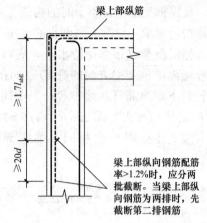

图 4-16　屋面框架梁梁端纵筋锚固构造

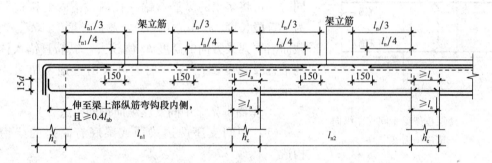

图 4-17　非抗震屋面框架梁纵向钢筋构造

### 4.3.3　框架梁中间支座纵向钢筋构造

当框架梁在中间支座两侧发生截面变化时，纵筋构造要求如下：

1. 楼层框架梁中间支座纵向钢筋构造

（1）中间支座两边梁顶或梁底有高差的梁钢筋构造

当楼层框架梁中间支座两边梁顶或梁底有高差时，梁钢筋构造如图 4-18 所示。

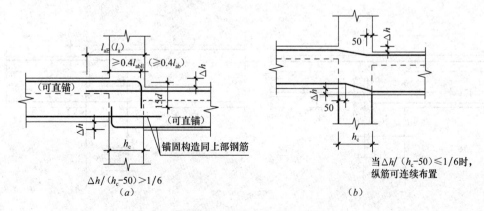

图 4-18　楼层框架梁中间支座纵向钢筋构造 1

(a) 非贯通构造；(b) 贯通构造

　　楼层框架梁顶部不平时的构造要求：梁截面高度大的支座上部纵筋锚固要求同端支座锚固构造要求；梁截面高度小的支座上部纵筋锚固要求为伸入支座锚固长度 $l_{aE}(l_a)$。

　　楼层框架梁顶部保持水平，底部不平时的构造要求：当中间支座两端梁高差值 $\Delta h$ 与柱截面沿框架梁方向的高度 $h_c$ 的比值较小，即 $\Delta h/(h_c-50)\leqslant 1/6$ 时，支座两边相同直径的下部纵筋可连续布置；当中间支座两端梁高差值 $\Delta h$ 与柱截面沿框架梁方向的高度 $h_c$ 的比值较大，即 $\Delta h/h_c>1/6$ 时，梁底部标高小的下部纵向钢筋伸入支座的锚固长度与端支座锚固长度相同，梁底部标高大的下部纵向钢筋伸入支座的锚固长度为 $l_{aE}(l_a)$。

**当支座两边梁宽不同或错开布置时，将无法直通的纵筋弯锚入柱内；或当支座两边纵筋根数不同时，可将多出的纵筋弯锚入柱内**

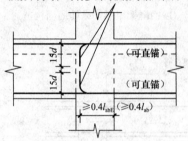

图 4-19　楼层框架梁中间支座纵向
钢筋构造 2

　　（2）中间支座两边框架梁宽度不同或钢筋根数不同时的钢筋构造

　　楼层框架梁中间支座两边框架梁宽度不同时，无法直锚的纵筋弯锚入柱内；或当支座两边纵筋根数不同时，可将多出的纵筋弯锚入柱内，锚固的构造要求为平直段长度 $\geqslant 0.4l_{aE}(0.4l_a)$，弯折长度为 $15d$。当柱截面沿框架梁方向的高度 $h_c$ 值较大，纵筋直锚入柱内的平直段长度 $\geqslant l_{aE}(l_a)$ 时，可采用直锚，如图 4-19 所示。

　　2. 屋面框架梁中间支座纵向钢筋构造

　　（1）中间支座两边梁顶或梁底有高差的梁钢筋构造

　　屋面框架梁顶部保持水平，底部不平时的构造要求：支座上部纵筋贯通布置，梁截面高度大的梁下部纵筋锚固要求与端支座锚固构造要求相同，梁截面小的梁下部纵筋锚固要求与中间支座锚固构造要求相同。

　　屋面框架梁底部保持水平，顶部不平时的构造要求：梁截面高大的支座上部纵筋锚固要求与端支座锚固构造要求相同。需注意到是，弯折后的竖直段长度 $15d$ 是从截面高度小的梁顶面算起；梁截面高度小的支座上部纵筋锚固要求为伸入支座锚固长度 $1.6l_{aE}$ $(1.6l_a)$；下部纵筋的锚固措施同梁高度不变时相同，如图 4-20 所示。

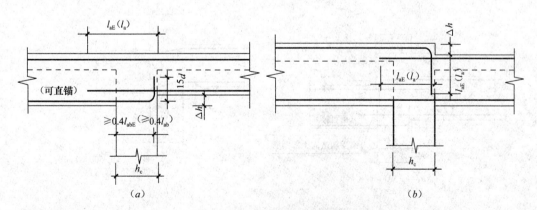

图 4-20　屋面框架梁中间支座纵向钢筋构造 1
（a）梁顶面平；（b）梁底面平

（2）中间支座两边框架梁宽度不同时的钢筋构造

楼层框架梁中间支座两边框架梁宽度不同时，无法直锚的纵筋弯锚入柱内；或当支座两边纵筋根数不同时，可将多出的纵筋弯锚入柱内，底部钢筋锚固的构造要求为平直段长度 $\geqslant 0.4l_{aE}$ $(0.4l_a)$，弯折长度为 $15d$，顶部钢筋伸入柱对边柱纵筋内侧向下弯 $15d$。当柱截面沿框架梁方向的高度 $h_c$ 值较大，纵筋直锚入柱内的平直段长度 $\geqslant l_{aE}(l_a)$ 时，可采用直锚，如图 4-21 所示。

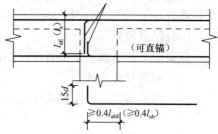

当支座两边梁宽不同或错开布置时，将无法直通的纵筋弯锚入柱内；或当支座两边纵筋根数不同时，可将多出的纵筋弯锚入柱内

图 4-21 屋面框架梁中间支座纵向钢筋构造 2

### 4.3.4 梁箍筋构造

1. 抗震框架梁箍筋构造要求

抗震框架梁加密箍筋构造要求如图 4-22、图 4-23 所示。

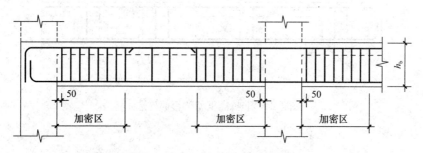

加密区：抗震等级为一级：$\geqslant 2.0h_b$ 且 $\geqslant 500$mm
抗震等级为二～四级：$\geqslant 1.5h_b$ 且 $\geqslant 500$mm

图 4-22 抗震框架梁箍筋构造 1

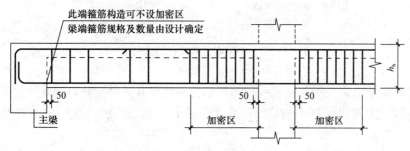

加密区：抗震等级为一级：$\geqslant 2.0h_b$ 且 $\geqslant 500$mm
抗震等级为二～四级：$\geqslant 1.5h_b$ 且 $\geqslant 500$mm

图 4-23 抗震框架梁箍筋构造 2

（1）箍筋加密范围

抗震框架梁梁端箍筋加密区范围：一级抗震等级为 $\max(2h_b，500\text{mm})$，二～四级抗震等级为 $\max(1.5h_b，500\text{mm})$；其中，$h_b$ 为梁截面高度。弧形框架梁按中心线展开计算

梁端部箍筋加密区范围，其箍筋间距按其凸面度量。抗震通长纵筋在梁端加密区以外的搭接长度范围内的箍筋间距加密为 min（5$d$，100mm），$d$ 为搭接钢筋直径的较小值。当受压钢筋直径大于 25mm 时，尚应在搭接两个端面外 100mm 范围内各设两道箍筋。

（2）箍筋位置

框架梁第一道箍筋距离框架柱边缘为 50mm。在梁柱节点内，不设置框架梁的箍筋。

（3）箍筋复合方式

多于两肢箍的复合箍筋应采用外封闭大箍筋加内封闭小箍筋的复合方式。

（4）尽端为梁时

尽端为梁时，可不设加密区，梁端箍筋规格及数量由设计确定。

2. 非框架梁箍筋构造要求

非抗震框架梁加密箍筋构造要求如图 4-24、图 4-25 所示。

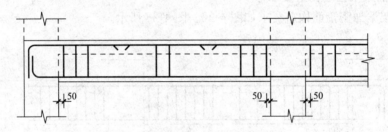

图 4-24　非抗震框架梁箍筋构造 1

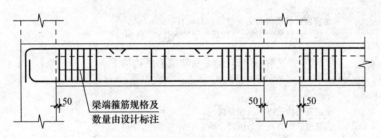

图 4-25　非抗震框架梁箍筋构造 2

非抗震框架梁通常全跨仅配置一种箍筋；当全跨配有两种箍筋时，其注写方式为在跨两端设置直径较大或间距较小的箍筋，并注明箍筋的根数，然后在跨中设置配置较小的箍筋。

第一道箍筋距离支座边缘 50mm，弧形非框架梁按中心线展开计算梁端部箍筋间距，其箍筋间距按其凸面度量。

当箍筋为多肢复合箍筋时，应采用外封闭大箍筋加小箍筋的方式，当为现浇板时，内部的小箍筋可为上开口箍或单肢箍形式。井字梁箍筋构造与非框架梁相同。

### 4.3.5　非框架梁配筋构造

1. 非框架梁纵筋构造

非框架梁纵向钢筋构造如图 4-26 所示。

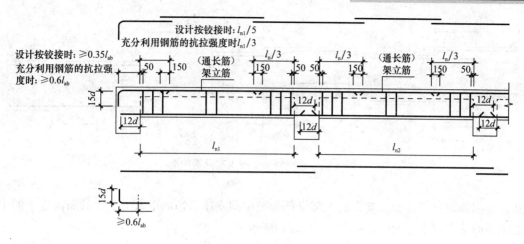

图 4-26　非框架配筋构造

（1）非框架梁端支座和中间支座上部非通长纵筋的截断位置

框架梁端部或中间支座上部非通长纵筋自柱边算起，其长度统一取值：非贯通纵筋位于第一排时为 $l_n/3$，非贯通纵筋位于第二排时为 $l_n/4$，若有多于三排的非通长钢筋，则依据设计确定具体的截断位置。其中 $l_n$ 的取值为：端支座处为本跨净跨，中间支座为左右两跨梁净跨的较大值。

（2）非框架梁上部架立筋构造要求

当非框架梁至少设置 2 根架立筋时，架立钢筋与支座上部纵筋的搭接长度为 150mm。

（3）非框架梁上部与下部纵筋在端支座的锚固要求

① 上部纵筋在端支座的锚固要求

设计按铰接时，上部纵筋伸至支座对边 $\geqslant 0.35 l_{ab}$，然后向下弯 $15d$；设计充分考虑利用钢筋的抗拉强度时（当梁受扭时），上部纵筋伸至支座对边 $\geqslant 0.6 l_{ab}$，然后向下弯 $15d$。

② 下部纵筋在端支座的锚固要求

非框架梁下部纵筋在端支座的锚固长度为 $12d$，当钢筋为光面钢筋时取为 $15d$。当梁受扭时，下部纵筋在端支座的锚固长度为 $l_a$；当支座宽度不够时可采取弯锚，下部纵筋伸至支座对边 $\geqslant 0.6 l_{ab}$，然后向上弯 $15d$。

（4）非框架梁下部纵筋中间支座锚固和连接的构造要求

非框架梁下部纵筋在中间支座的锚固要求与端支座一致。若下部纵筋在梁跨内需要连接时，连接位置宜位于支座 $l_{ni}/4$ 范围内，且在同一连接区段内钢筋接头百分率不宜大于50%。

2. 非框架梁中间支座纵筋构造

当非框架梁在中间支座两侧发生截面变化时，纵筋构造要求如图 4-27 所示。

（1）当非框架梁面不平时

若左右两侧梁面高度差值 $\Delta h$ 满足 $\Delta h/(b-50) \leqslant 1/6$ 时，左右两侧梁上部纵筋连续贯通中间支座，如图 4-27（b）所示。

若左右两侧梁面高度差值 $\Delta h/(b-50) > 1/6$ 时，左右两侧梁上部纵筋在中间支座断

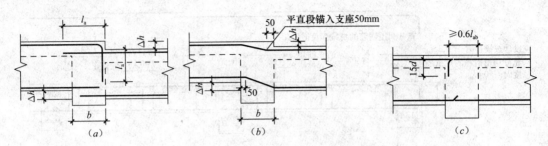

图 4-27 非框架梁中间支座纵筋构造

开，分别锚固。梁截面高度大的上部纵筋伸至中间支座对边向下弯 $l_a$。梁截面高度小的上部纵筋伸至中间支座内 $l_a$，如图 4-27（$a$）所示。

（2）当非框架梁底不平时

若左右两侧梁底面高度差值 $\Delta h$ 满足 $\Delta h/(b-50) \leqslant 1/6$ 时，左右两侧梁下部纵筋连续贯通中间支座，如图 4-27（$b$）所示。

若左右两侧梁面高度差值 $\Delta h/(b-50)>1/6$ 时，左右两侧梁上部纵筋在中间支座断开，分别锚固。锚固要求同非框架梁在中间支座的锚固要求，如图 4-27（$a$）所示。

（3）中间支座两边非框架梁宽度不同或钢筋根数不同时的钢筋构造

中间支座两边非框架梁宽度不同或钢筋根数不同时的钢筋构造如图 4-27（$a$）所示。

非框架梁中间支座两边梁宽度不同时，将无法直通的钢筋锚入支座内；或当支座两边纵筋根数不同时，可将多出的纵筋弯锚入支座内，锚固要求为伸入支座内的长度 $\geqslant 0.6l_{ab}$，然后弯折 $15d$。

### 4.3.6 附加箍筋、吊筋的构造要求

当次梁作用在主梁上，由于次梁集中荷载的作用，使得主梁上易产生裂缝。为防止裂缝的产生，在主次梁节点范围内，主梁的箍筋（包括加密与非加密区）正常设置，除此以外，再设置相应的构造钢筋：附加箍筋或附加吊筋，其构造要求如图 4-28、图 4-29所示。

附加箍筋的构造要求：间距 $8d$（$d$ 为箍筋直径）且小于正常箍筋间距，当在梁箍筋加密区范围内时，还应小于 100mm。第一根附加箍筋距离次梁边缘的距离为 50mm，布置范围长度为 $s=3b+2h_1$（$b$ 为次梁宽，$h_1$ 为主次梁高差）。

附加吊筋的构造要求：梁高 $\leqslant 800$mm 时，吊筋弯折的角度为 45°，梁高 $>800$mm 时，吊筋弯折的角度为 60°；吊筋在次梁底部的宽度为 $b+2\times50$，在次梁两边的水平段长度为 $20d$。

### 4.3.7 侧面纵向构造钢筋及拉筋的构造要求

梁侧面钢筋（腰筋）有侧面纵向构造钢筋（G）和受扭钢筋（N）。其构造要求如图4-30 所示。当梁侧面钢筋为构造钢筋时，其搭接和锚固长度均为 $15d$；当为受扭钢筋时，其搭接长度为 $l_{lE}$ 或 $l_l$，相邻受扭钢筋搭接接头应相互错开，错开的间距为 $0.3l_{lE}$ 或 $0.3l_l$，其锚固长度与方式和框架梁下部纵筋相同。

梁侧面纵筋构造钢筋的设置条件：当梁腹板高度 $\geqslant 450$mm 时，须设置构造钢筋，纵向构造钢筋间距 $\leqslant 200$mm。当梁侧面设置受扭钢筋且其间距不大于 200mm 时，则不

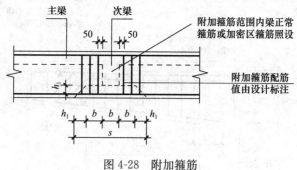

图 4-28　附加箍筋

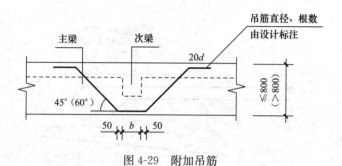

图 4-29　附加吊筋

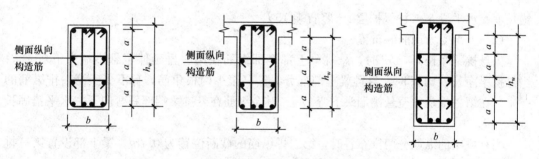

图 4-30　梁侧面纵筋和拉筋构造

需重复设置构造钢筋。梁中拉筋直径的确定：梁宽≤350mm 时，拉筋直径为 6mm，梁宽
＞350mm 时，拉筋直径为 8mm。拉筋间距的确定：非加密区箍筋间距的两倍，当有多排
拉筋时，上下两排拉筋竖向错开设置。

### 4.3.8　悬挑梁与各类梁的悬挑端配筋构造

悬挑梁有延伸悬挑梁和纯悬挑梁两种类型，悬挑梁钢筋分受力钢筋和构造钢筋。

1. 纯悬挑梁配筋构造

纯悬挑梁配筋构造如图 4-31 所示。

（1）上部受力钢筋的锚固构造

当悬挑梁纵向受力钢筋的直锚长度（即柱 $h_c$ 减柱保护层）≥其最小锚固长度时，在非
抗震时可采用直锚形式，直锚长度为 $\max(l_a,\ 0.5h_c+5d)$；当不能采用直锚时，采用弯
锚，上部受力钢筋在根部伸至柱对边柱纵筋内侧，水平长度≥$0.4l_a$，竖直锚固 15$d$，弯

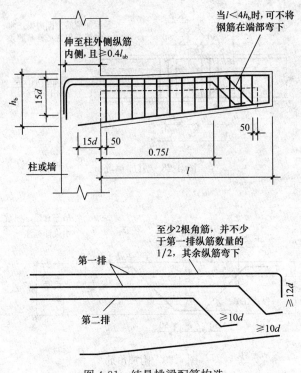

图 4-31　纯悬挑梁配筋构造

锚长度＝水平段 $h_c$－柱保护层 $c$＋竖直端 $15d$。

（2）上部受力钢筋的布置

当悬挑梁净长 $l<4h_b$ 时，悬挑梁上部全部纵筋在第一排延伸至悬挑端头下弯 $12d$；当悬挑梁净长 $l \geqslant 4h_b$ 时，悬挑梁上部部分纵筋（至少两根角筋，且不少于第一排纵筋的一半）在第一排延伸至悬挑端头下弯 $12d$，其余纵筋在悬挑梁端部斜弯向下，水平锚固长度 $\geqslant 10d$。

当悬挑梁的纵筋分两排布置时，第二排纵筋的截断位置为 $0.75l$，梁上部设置第三排纵筋时，其截断位置由设计注明。

（3）下部钢筋的构造

悬挑梁的下部纵筋在支座内锚固，锚固长度为 $15d$。

（4）箍筋的构造

悬挑梁的箍筋构造与非框架梁相同。

2. 各类梁的悬挑端配筋构造

各类梁的悬挑端配筋构造如图 4-32 所示。其与纯悬挑梁的区别主要在上部受力钢筋的锚固构造。

当悬挑梁纵向受力钢筋的直锚长度（即柱 $h_c$ 减柱保护层）$\geqslant$ 其最小锚固长度时，可采用直锚形式，直锚长度为 $\max(l_a,\ 0.5h_c+5d)$；当不能采用直锚时，采用弯锚，上部受力钢筋在根部伸至柱对边柱纵筋内侧，水平长度 $\geqslant 0.4l_a$，竖直锚固 $15d$，弯锚长度＝水平段 $h_c$－柱保护层 $c$＋竖直端 $15d$。当悬挑梁的钢筋由楼屋面框架梁延伸出来时，若钢筋能贯通时，伸至悬挑梁端。

### 4.3.9　框架梁加腋构造

框架梁根部加腋的形式和配筋按设计标注，根据构造的要求加腋分水平加腋和竖向加腋，如图 4-33、图 4-34 所示。

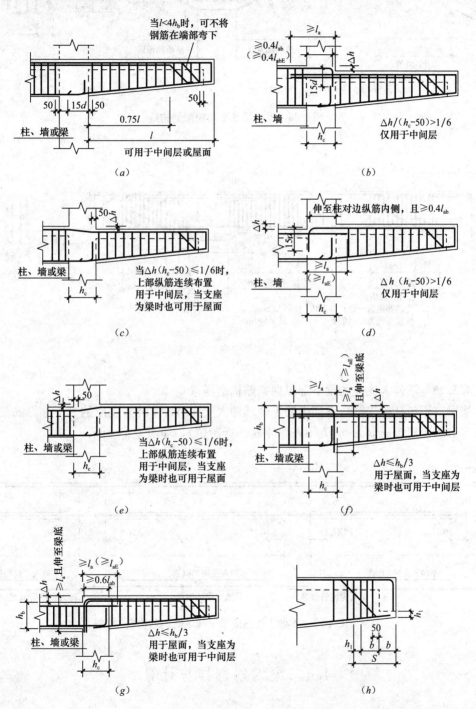

图 4-32　各类悬挑梁配筋构造

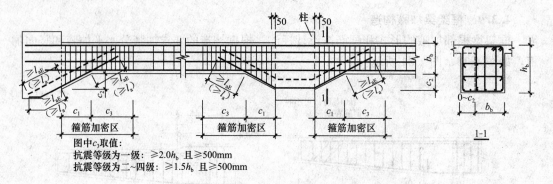

图 4-33  框架梁水平加腋配筋构造

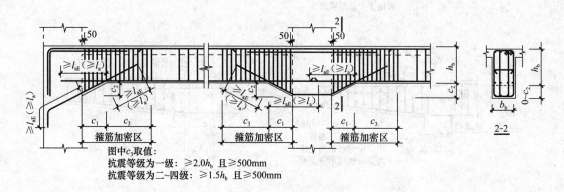

图 4-34  框架梁竖向加腋配筋构造

### 4.3.10  不伸入支座的梁下部纵向钢筋构造要求

当梁（不包括框支梁）下部纵筋不全部伸入支座时，不伸入支座的梁下部纵筋截断点距支座边的距离统一取为 $0.1l_{ni}$（$l_{ni}$ 为本跨的净跨值），如图 4-35 所示。

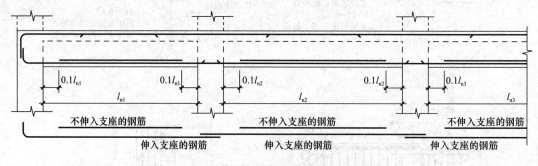

图 4-35  不伸入支座的梁下部纵向钢筋构造

# 4.4  梁钢筋翻样与计算

梁的钢筋包括纵筋和箍筋两大类。纵筋按分布位置和作用不同，有上部钢筋（上部贯通钢筋、支座非贯通钢筋、架立钢筋）、中部钢筋（侧面纵向构造钢筋、抗扭钢筋）、下部钢筋。其他钢筋形式有箍筋和拉筋。

### 4.4.1　梁上部钢筋长度计算方法

梁上部钢筋的形式：上部贯通钢筋、支座非贯通钢筋、架立钢筋。

1. 上部贯通钢筋长度

上部贯通钢筋长度计算公式：

$$长度 = 各跨净跨值 \ l_n \ 之和 + 各支座宽度 \ h_c + 左、右锚固长度 \qquad (4\text{-}3)$$

上部贯通钢筋示例图如图 4-36 所示。

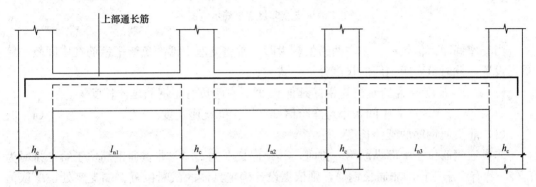

图 4-36　上部通长钢筋示例图

（1）当为楼层框架梁时，锚固长度取值

根据楼层框架梁纵筋在端支座的锚固要求可知：

当端支座宽度 $h_c -$ 柱保护层 $c \geqslant l_{lE}$ 时

$$锚固长度 = 端支座宽度 \ h_c - 柱保护层 \ c \qquad (4\text{-}4)$$

当端支座宽度 $h_c -$ 柱保护层 $c < l_{lE}$ 时

$$锚固长度 = 端支座宽度 \ h_c - 柱保护层 \ c + 15d \qquad (4\text{-}5)$$

（2）当为屋面框架梁时，锚固长度取值

根据屋面框架梁纵筋与框架柱纵筋的构造要求：其纵筋锚固做法分为柱纵筋锚入梁中和梁纵筋锚入柱中两种形式，顶层屋面框架梁纵筋的锚固长度计算也有两种形式。

当采用柱纵筋锚入梁中的锚固形式时

$$锚固长度 = 端支座宽度 \ h_c - 柱保护层 \ c + 梁高 - 梁保护层 \ c \qquad (4\text{-}6)$$

当采用梁纵筋锚入柱中的描固形式时

$$锚固长度 = 端支座宽度 \ h_c - 柱保护层 \ c + 1.7l_{aE} \qquad (4\text{-}7)$$

2. 支座非贯通钢筋长度

端支座非贯通钢筋长度计算公式：

$$长度 = 负弯矩钢筋延伸长度 + 锚固长度 \qquad (4\text{-}8)$$

中间支座非贯通钢筋长度计算公式：

$$长度 = 2 \times 负弯矩钢筋延伸长度 + 支座宽度 \qquad (4\text{-}9)$$

支座非贯通钢筋示例图如图 4-37 所示。

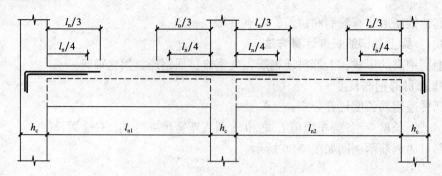

图 4-37　支座非贯通钢筋示例图

当支座间净跨值较小，左右两跨值较大时，常将支座上部的负弯矩钢筋在中间较小跨贯通设置，此时负弯矩钢筋的长度计算公式为：

$$长度 = 左跨负弯矩钢筋延伸长度 + 右跨负弯矩钢筋延伸长度$$
$$+ 中间较小跨净跨值 + 2 \times 中间支座宽度 \tag{4-10}$$

（1）非贯通钢筋的延伸长度

非贯通钢筋位于上部纵筋第一排时，其延伸长度为 $l_n/3$，非贯通钢筋位于第二排时为 $l_n/4$，若有多于三排的非通长钢筋，则依据设计确定具体的截断位置。端支座处，$l_n$ 取值为本跨净跨值；中间支座处，$l_n$ 取值为左右两跨梁净跨值的较大值。

（2）锚固长度

同本节中上部贯通钢筋长度计算中的锚固长度。

3. 架立钢筋长度

架立钢筋长度计算公式：

$$长度 = 本跨净跨值 - 左右非贯通钢筋伸出长度 + 2 \times 搭接长度 \tag{4-11}$$

架立钢筋示例图如图 4-38 所示。

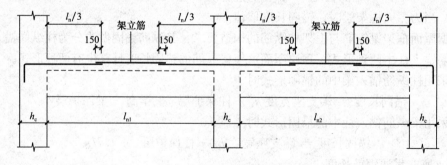

图 4-38　架立筋示例图

（1）搭接长度

当梁上部纵筋既有贯通筋又有架立钢筋时，架立钢筋与非贯通钢筋的搭接长度为 150mm。

（2）非贯通钢筋的延伸长度

非贯通钢筋的延伸长度同本节中支座非贯通钢筋的延伸长度。

#### 4.4.2　梁下部钢筋长度计算方法

梁下部钢筋的形式：下部通长钢筋、下部非通长钢筋、下部不伸入支座的钢筋。

梁下部钢筋示例图如图 4-39 所示。

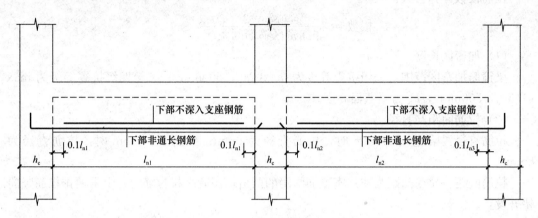

图 4-39　梁下部钢筋示例图

1. 下部通长钢筋长度

下部通长钢筋长度计算公式同上部通长钢筋长度计算公式。

2. 下部非通长钢筋长度

下部非通长钢筋长度计算公式：

$$长度 = 净跨值 + 左锚固长度 + 右锚固长度 \qquad (4\text{-}12)$$

（1）梁纵筋在端支座的锚固要求同 4.4.1 节的分析内容。

（2）梁纵筋在中间支座锚固的取值为 $\max(0.5h_c + 5d, l_{aE})$，当梁的截面尺寸变化时，则应参考相应的标准构造要求取值。

3. 下部不伸入支座钢筋长度

下部不伸入支座钢筋长度计算公式：

$$长度 = 净跨值 l_n - 2 \times 0.1 l_{ni} = 0.8 l_{ni} \qquad (4\text{-}13)$$

#### 4.4.3　梁中部钢筋长度计算方法

梁中部钢筋的形式：构造钢筋（G）和受扭钢筋（N）。

$$构造钢筋长度计算公式：长度 = 净跨值 + 2 \times 15d \qquad (4\text{-}14)$$

$$受扭钢筋长度计算公式：长度 = 净跨值 + 2 \times 锚固长度 \qquad (4\text{-}15)$$

（1）锚固长度取值

构造钢筋的锚固长度值为 $15d$，受扭钢筋的锚固长度取值与下部纵向受力钢筋相同，通常为 $\max(0.5h_c + 5d, l_{aE})$。

（2）梁中部钢筋宜分跨布置

当梁中部钢筋各跨不同时，应分跨计算，当全跨布置完全相同时，可整体计算。

#### 4.4.4　箍筋和拉筋计算方法

箍筋和拉筋计算包括箍筋和拉筋的长度和根数计算。箍筋和拉筋长度的计算方法与框架柱相同，此处省略。下面介绍箍筋与拉筋根数的计算方法。

箍筋根数计算公式：

$$根数 = 2 \times \left( \frac{加密区长度 - 50}{加密区间距} + 1 \right) + \left( \frac{非加密区长度}{非加密区间距} - 1 \right) \qquad (4-16)$$

拉筋根数计算公式：

$$根数 = \frac{梁净跨 - 2 \times 50}{非加密区箍筋间距 \times 2} + 1 \qquad (4-17)$$

（1）加密区长度

梁箍筋加密区范围：一级抗震等级为 $\max(2h_b, 500mm)$；二至四级抗震等级为 $\max(1.5h_b, 500mm)$，$h_b$ 为梁截面高度。

（2）拉筋间距与直径

拉筋直径：梁宽≤350mm 时，拉筋直径为 6mm；梁宽＞350mm 时，拉筋直径为 8mm。

拉筋间距：拉筋间距为非加密箍筋间距的两倍，当有多排拉筋时，上下两排拉筋竖向错开设置。

### 4.4.5 悬臂梁钢筋计算方法

悬臂梁钢筋形式：上部第一排钢筋、上部第一排下弯钢筋、上部第二排钢筋、下部构造钢筋。

上部第一排钢筋长度计算公式：

$$长度 = 悬挑梁净长 - 梁保护层 + 12d + 锚固长度 \ l_a \qquad (4-18)$$

上部第一排下弯钢筋长度计算公式（当按图纸要求需要向下弯折时）：

$$长度 = 悬挑梁净长 - 梁保护层 + 斜段长度增加值 + 锚固长度 \ l_a \qquad (4-19)$$

$$斜段长度增加值 = (梁高 - 2 \times 保护层) \times (\sqrt{2} - 1) \qquad (4-20)$$

上部第二排钢筋长度计算公式：

$$长度 = 0.75 \times 悬挑梁净长 + 锚固长度 \ l_a \qquad (4-21)$$

下部钢筋长度计算公式：

$$长度 = 悬挑梁净长 - 梁保护层 + 锚固长度 \ 12d(15d) \qquad (4-22)$$

（1）悬挑端一般不考虑抗震耗能，因此，其受力钢筋的锚固长度通常取 $l_a$。

（2）悬挑梁上部受力钢筋的锚固要求与框架梁纵向受力钢筋在柱中的锚固要求相同。

（3）当悬挑梁长度不小于 4 倍梁高时（$l \geqslant 4h_b$），悬挑端上部钢筋中，至少有两根角筋且有不少于第一排纵筋的一半的钢筋应伸至悬挑端端头，其余钢筋可弯下，梁末端水平段长度不小于 10d，如图 4-31 所示。

（4）悬挑端下部钢筋伸入支座的锚固长度为：梁下部带肋钢筋锚固长度取 12d，当为光面钢筋时锚固长度取 15d。

### 4.4.6 吊筋计算方法

吊筋长度计算公式：

$$长度 = 次梁宽度 + 2 \times 50 + 斜段长度 \times 2 + 20d \times 2 \qquad (4-23)$$

加腋钢筋有端部加腋钢筋和中间支座加腋钢筋两种形式，其长度计算公式为：

$$端部加腋钢筋长度 = 加腋斜长 + 2 \times l_{aE} \qquad (4-24)$$

$$中间支座加腋钢筋长度 = 支座宽度 + 加腋斜长 \times 2 + 2 \times l_{aE} \qquad (4-25)$$

#### 4.4.7  梁钢筋翻样算例

**1. 两跨楼层框架梁钢筋计算实例**

【已知条件】  如图 4-40 所示，楼层框架梁 KL1 采用 C30 混凝土，环境类别一类，抗震等级一级，柱截面尺寸 600mm×600mm。

【要求】  计算该 KL1 中的所有钢筋。

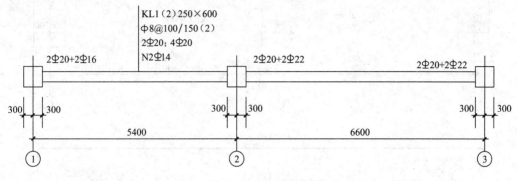

图 4-40  KL1 平法图

【解析】

由已知得：框架梁、柱混凝土保护层厚度均为 20mm。KL1 有两跨，上部有 2$\Phi$20 贯通钢筋，只有一排钢筋，第一跨左端有 2$\Phi$16 非贯通钢筋，伸入梁内的长度是本跨净跨的 1/3，右端有 2$\Phi$22 非贯通钢筋，伸入梁内的长度是相邻两跨净跨较大值的 1/3；第二跨左端有 2$\Phi$22 非贯通钢筋，伸入梁内的长度是左右两跨净跨值的较大值（本跨较大）的 1/3，右端有 2$\Phi$22 非贯通钢筋，伸入梁内的长度是本跨净跨的 1/3。中部有 2$\Phi$14 受扭钢筋，伸入支座内锚固长度是 15$d$。左右两侧各 1 根，端支座锚固构造要求同下部受力钢筋。

下部钢筋只有一排，4 根 HRB335 钢筋，直径 20mm，伸入端支座锚固。

箍筋为双肢箍，加密区间距为 100mm，非加密区间距为 150mm，加密区间为 max$(2h_b, 500mm)$。由于在实际工程中，箍筋布置应满足其间距要求，为考虑其实际布置间距，计算箍筋根数时，遇到小数时，进位取整。拉筋根数计算也执行此原则。

KL1 的立面及钢筋分离图如图 4-41 所示。

【计算过程】

（1）计算净跨

$$l_{n1} = 5400 - 300 \times 2 = 4800mm \quad l_{n1}/3 = 4800/3 = 1600mm$$

$$l_{n2} = 6600 - 300 \times 2 = 6000mm \quad l_{n1}/3 = 6000/3 = 2000mm$$

（2）端支座处锚固长度计算

$$h_c - c = 600 - 20 = 580mm$$

1）当 $d$ = 20mm 时

$$l_{aE} = 1.15l_a = 1.15\alpha \frac{f_y}{f_t}d = 1.15 \times 0.14 \times \frac{300}{1.43} \times 20 = 676mm > 580mm$$

所以端支座处应采用弯锚形式，此时弯锚长度为：

$$h_c - c + 15d = 600 - 20 + 15 \times 20 = 880mm$$

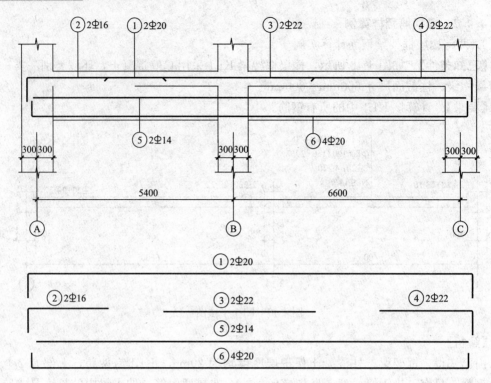

图 4-41　KL1 立面及钢筋分离图

2）当 $d = 22mm$ 时

$$l_{aE} = 1.15l_a = 1.15\alpha\frac{f_y}{f_t}d = 1.15 \times 0.14 \times \frac{300}{1.43} \times 22 = 743mm > 580mm$$

所以端支座处应采用弯锚形式，此时弯锚长度为：

$$h_c - c + 15d = 600 - 20 + 15 \times 22 = 910mm$$

3）当 $d = 14mm$ 时

$$l_{aE} = 1.15l_a = 1.15\alpha\frac{f_y}{f_t}d = 1.15 \times 0.14 \times \frac{300}{1.43} \times 14 = 473mm < 580mm$$

所以端支座处应采用直锚形式，此时直锚长度为：

$\geqslant \max(l_{aE}, 0.5h_c + 5d) = \max(473, 0.5 \times 570 + 5 \times 14) = 473mm$，实际取 $h_c - c = 580mm$。

4）当 $d = 16mm$ 时

$$l_{aE} = 1.15l_a = 1.15\alpha\frac{f_y}{f_t}d = 1.15 \times 0.14 \times \frac{300}{1.43} \times 16 = 540mm < 580mm$$

所以端支座处应采用直锚形式，此时直锚长度为：

$\geqslant \max(l_{aE}, 0.5h_c + 5d) = \max(540, 0.5 \times 570 + 5 \times 14) = 540mm$，实际取 $h_c - c = 580mm$。

（3）纵筋长度计算

梁顶部通长筋①2Φ20：$L = 880 + 4800 + 600 + 6000 + 880 = 13160mm$

左端支座上部非贯通筋②2Φ16：$L = 580 + 1600 = 2180mm$

中间支座上部非贯通筋③2Φ22：$L = 2000 + 600 + 2000 = 4600mm$

右端支座上部非贯通筋④2$\Phi$22：$L=2000+910=2910$mm

梁中部受扭钢筋⑤2$\Phi$14：$L=580+4800+600+6000+580=12560$mm

梁底部通长筋⑥4$\Phi$20：$L=880+4800+600+6000+880=13160$mm

（4）箍筋计算

箍筋弯钩长度=$\max(11.9d,75+1.9d)=\max(11.9\times8,75+1.9\times8)=96$mm

箍筋长度=$[(250-20\times2)+(600-20\times2)]\times2+96\times2=1732$mm

箍筋根数计算：加密区长度=$\max(2h_b,500mm)=\max(2\times600,500mm)=1200$mm

$$AB跨箍筋根数=\left(\frac{1200-50}{100}+1\right)\times2+\left(\frac{5400-600-2400}{150}-1\right)=41 根$$

$$BC跨箍筋根数=\left(\frac{1200-50}{100}+1\right)\times2+\left(\frac{6600-600-2400}{150}-1\right)=49 根$$

$$箍筋总根数=41+49=90 根$$

（5）拉筋计算

拉筋间距为箍筋非加密间距的2倍，当梁宽不大于350mm，拉筋直径为6mm。

拉筋弯钩长度=$\max(11.9d,75+1.9d)=\max(11.9\times6,75+1.9\times6)=87$mm

拉筋长度=$250-20\times2+87\times2=384$mm

$$拉筋根数=\frac{4800-2\times50}{150\times2}+1+\frac{6000-2\times50}{150\times2}+1=38 根$$

2. 三跨带悬挑楼层框架梁钢筋计算实例

【已知条件】　如图 4-42 所示，楼层框架梁 KL2 采用混凝土等级 C25，环境类别一类，抗震等级一级，柱截面尺寸 600mm×600mm。

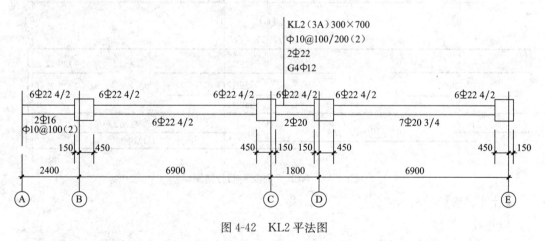

图 4-42　KL2 平法图

【要求】　计算该 KL2 中的所有钢筋。

【解析】

KL2 有三跨且一端带悬挑。上部钢筋有两排，贯通钢筋 2$\Phi$22，是第一排钢筋的两个角筋。

上部非贯通钢筋：B 轴处上部第一排非贯通钢筋 2$\Phi$22，位于第一排中间，从 B 轴左侧本跨净跨值的 1/3 起，延伸至悬挑端部向下弯折 12d。B 轴处上部第二排角部非贯通钢筋 2$\Phi$22，从 B 轴左侧本跨净跨值的 1/4 起延伸至 B 轴左侧悬挑端净长的 3/4 处。

C~D 轴处上部第一排非贯通钢筋 2⚡22，位于第一排中间，从 C 轴左侧距柱边为相邻两跨净跨较大值的 1/3 开始，延伸至 D 轴右侧距柱边为相邻两跨净跨较大值的 1/3 结束。C~D 轴处上部第二排非贯通钢筋 2⚡22，位于第二排角部，从 C 轴左侧距柱边为相邻两跨净跨较大值的 1/4 开始，延伸至 D 轴右侧距柱边为相邻两跨净跨较大值的 1/4 结束。此处，上部非贯通钢筋不应连接或截断。

E 轴处上部第一排非贯通钢筋 2⚡22，位于第一排中间，从 E 轴左侧柱边伸入梁内的长度为本跨净跨值的 1/3；上部第二排非贯通钢筋 2⚡22，位于第二排角部，从⑤轴左侧柱边伸入梁内的长度为本跨净跨值的 1/4。

下部钢筋有两排，全部伸入支座。伸入支座的锚固长度为 $\max(0.5h_c+5d, l_{aE})$，悬挑端下部构造钢筋伸入支座的锚固长度为 $15d$。

箍筋为双肢箍，加密区间距为 100mm，非加密区间距为 200mm，加密区长度为 $\max(2h_b, 500mm)$，悬挑端箍筋间距均为 100mm。

KL2 的立面及钢筋分离图如图 4-43 所示。

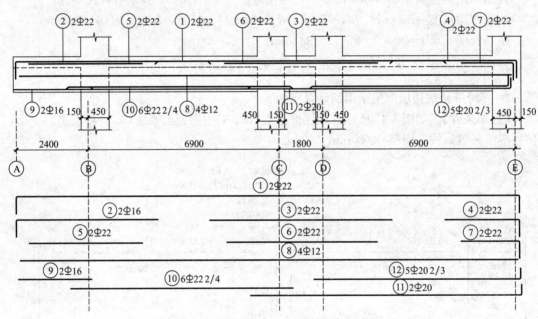

图 4-43  KL2 立面及钢筋分离图

【计算过程】

(1) 计算净跨

$$l_{n1} = l_{n3} = 6900 - 450 - 450 = 6000mm \quad l_{n1}/3 = l_{n3}/3 = 2000mm$$

$$l_{n1}/4 = l_{n3}/4 = 1500mm$$

$$l_{n2} = 1800 - 150 - 150 = 1500mm \quad l_{n悬挑} = 2400 - 150 = 2250mm$$

(2) 锚固长度计算

$$h_c - c = 600 - 25 = 575mm$$

1) 当 $d=22mm$ 时

$$l_{aE} = 1.15l_a = 1.15\alpha\frac{f_y}{f_t}d = 1.15 \times 0.14 \times \frac{300}{1.27} \times 22$$

$$=837\text{mm} > h_c - c = 600 - 25 = 575\text{mm}$$

所以端支座处应采用弯锚形式，此时弯锚长度为：

$$h_c - c + 15d = 600 - 25 + 15 \times 22 = 905\text{mm}$$

中间支座位置的锚固长度 $= \max(0.5h_c + 5d，l_{aE}) = 837\text{mm}$

悬挑端部弯折竖直段长度 $12d = 12 \times 22 = 264\text{mm}$

2）当 $d = 20\text{mm}$ 时

$$l_{aE} = 1.15l_a = 1.15\alpha\frac{f_y}{f_t}d = 1.15 \times 0.14 \times \frac{300}{1.27} \times 20$$

$$= 761\text{mm} > h_c - c = 575\text{mm}$$

所以端支座 E 处应采用弯锚形式，此时弯锚长度为：

$$h_c - c + 15d = 600 - 25 + 15 \times 20 = 875\text{mm}$$

中间支座位置的锚固长度 $= (0.5h_c + 5d，l_{aE}) = 761\text{mm}$

3）当 $d = 16\text{mm}$ 时

$$l_{aE} = 1.15l_a = 1.15\alpha\frac{f_y}{f_t}d = 1.15 \times 0.14 \times \frac{300}{1.27} \times 16$$

$$= 609\text{mm} > h_c - c = 575\text{mm}$$

所以端支座处应采用弯锚形式，此时弯锚长度为：

$$h_c - c + 15d = 600 - 25 + 15 \times 16 = 815\text{mm}$$

4）当 $d = 10\text{mm}$ 时，构造钢筋的锚固长度为 $15d = 150\text{mm}$

（3）纵筋长度计算

梁顶部通长筋①2 $\Phi$ 22：

$L = 2250 - 25 + 264 + 600 + 6000 + 600 + 1500 + 600 + 6000 + 905 = 18694\text{mm}$

B 支座上部第一排非贯通筋②2 $\Phi$ 22：$L = 2250 - 25 + 600 + 2000 = 4825\text{mm}$

B 支座上部第二排非贯通筋⑤2 $\Phi$ 22：$L = 2250 \times 3/4 + 600 + 1500 = 3788\text{mm}$

C、D 支座上部第一排非贯通筋③2 $\Phi$ 22：

$L = 2000 + 600 + 1500 + 600 + 2000 = 6700\text{mm}$

C、D 支座上部第二排非贯通筋⑥2 $\Phi$ 22：

$L = 1500 + 600 + 1500 + 600 + 1500 = 5700\text{mm}$

E 支座上部第一排非贯通筋④2 $\Phi$ 22：$L = 2000 + 905 = 2905\text{mm}$

梁侧纵向构造钢筋⑧4 $\Phi$ 12：

$L = 2250 - 25 + 6000 \times 2 + 1500 + 600 \times 3 + 15 \times 12 = 17705\text{mm}$

AB 跨梁底部纵筋⑨2 $\Phi$ 16：$L = 2250 - 25 + 15 \times 16 = 2465\text{mm}$

BC 跨梁底部受力纵筋⑩6 $\Phi$ 22：$L = 837 + 6000 + 837 = 7674\text{mm}$

CE 跨梁底部受力纵筋⑪2 $\Phi$ 20：$L = 761 + 1500 + 600 + 6000 + 875 = 9736\text{mm}$

DE 跨梁底部第二排受力纵筋⑫5 $\Phi$ 20：$L = 761 + 6000 + 875 = 7636\text{mm}$

（4）箍筋计算

箍筋弯钩长度 $= \max(11.9d，75 + 1.9d) = \max(11.9 \times 10，75 + 1.9 \times 10) = 119\text{mm}$

箍筋长度 $= [(300 - 25 \times 2) + (700 - 25 \times 2)] \times 2 + 119 \times 2 = 2038\text{mm}$

箍筋根数计算：加密区长度 $= \max(2h_b，500\text{mm}) = \max(2 \times 700，500\text{mm}) = 1400\text{mm}$

$$\text{根数} = \left[\left(\frac{1400-50}{100}+1\right)\times 2 + \frac{6000-2800}{200}-1\right]\times 2 + \frac{1800-300-100}{100}+1 + \frac{2250-25-50}{100} +$$

$$1 = 128\ \text{根}$$

（5）拉筋计算

拉筋间距为箍筋非加密间距的 2 倍，当梁宽不大于 350mm，拉筋直径为 6mm。

拉筋弯钩长度＝max（11.9$d$，75＋1.9$d$）＝max（11.9×6，75＋1.9×6）＝87mm

拉筋长度＝300－25×2＋87×2＝424mm

$$\text{拉筋根数} = \left(\frac{6000-100}{200\times 2}+1\right)\times 2 + \frac{1500-100}{200\times 2}+1 + \frac{2250-25-50}{200\times 2}+1 = 44\ \text{根}$$

## 本单元小结

本单元根据 11G101-1 图集中有关梁的相关内容，主要介绍了梁平法施工图的制图规则、梁标准构造详图以及梁钢筋的翻样与计算。

通过本单元的学习，掌握梁平法施工图的表示方法，能正确阅读梁平法施工图的内容；掌握抗震框架梁、非框架梁、悬挑梁等梁构件纵向受力钢筋、箍筋、附加钢筋的各种构造做法；能够熟练进行梁钢筋的翻样计算。

## 练习思考题

4-1 梁平法施工图有哪几种表示方法？

4-2 梁平法施工图上表示哪些内容？

4-3 如何对梁进行编号？

4-4 梁平面注写方式包括哪些内容？应如何表示？

4-5 梁截面注写方式包括哪些内容？应如何表示？

4-6 抗震、非抗震框架梁纵向钢筋在支座附近的延伸长度如何确定？

4-7 抗震、非抗震框架梁纵向钢筋在支座的锚固长度如何确定？

4-8 抗震框架梁纵向钢筋通长筋数量有何要求？

4-9 抗震、非抗震框架梁箍筋有哪些构造要求？

4-10 L 梁的纵筋和箍筋有哪些构造要求？

4-11 各类悬挑梁的钢筋有哪些构造要求？

# 教学单元 5　剪力墙平法施工图识读与钢筋翻样

**【学习目标】**掌握剪力墙平法施工图的两种表示方法、常用剪力墙钢筋构造详图、剪力墙（墙柱、墙身、墙梁）钢筋翻样计算。

## 5.1　剪力墙构件简介

《混凝土结构设计规范》GB 50010—2010 规定：竖向构件截面长边、短边（厚度）比值大于 4 时，宜按墙设计。剪力墙作为一种竖向结构构件广泛运用于各种中高层建筑，它具有良好的强度和刚度，能够抵抗水平作用引起的建筑结构破坏和变形。特别在抗震地区，水平作用主要是由地震引起的，在建筑中设置剪力墙构件，能够大大提高结构的抗震能力，因此，剪力墙又称为抗震墙。本单元中所介绍的剪力墙均为现浇钢筋混凝土剪力墙。

### 5.1.1　剪力墙构件的划分

为了简便、清晰的表达剪力墙的配筋及构造，平法施工图中剪力墙分为剪力墙柱、剪力墙身和剪力墙梁。

根据在墙体中平面位置的不同，剪力墙柱又可以划分为边缘构件、非边缘暗柱和扶壁柱等。

《建筑抗震设计规范》GB 50011—2010 规定：边缘构件是设置在剪力墙两端和洞口两侧的构件。按平面形状的不同，边缘构件分为：暗柱、端柱、翼墙和转角墙；按抗震要求不同，边缘构件分为构造边缘构件和约束边缘构件，如图 5-1、图 5-2 所示。

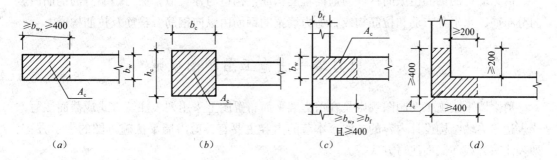

图 5-1　构造边缘构件

（*a*）构造边缘暗柱；（*b*）构造边缘端柱；（*c*）构造边缘翼墙；（*d*）构造边缘转角墙

剪力墙梁分为剪力墙连梁、剪力墙暗梁和剪力墙边框梁三类。连梁一般位于洞口的上方，梁的跨度为洞口的宽度，梁的截面高度为上下层洞口的距离，截面宽度为剪力墙厚度；暗梁和边框梁由设计者根据需要设置在楼层和屋面处，暗梁截面宽度为剪力墙厚度，边框梁截面宽度一般大于剪力墙厚度，高度由设计者确定。

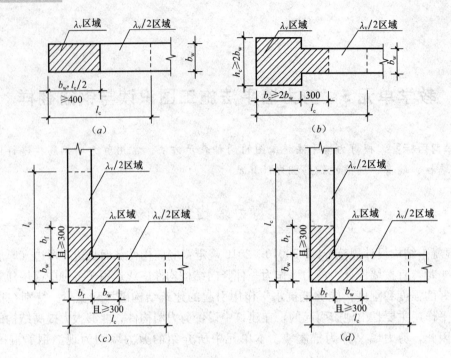

图 5-2　约束边缘构件

(a) 约束边缘暗柱；(b) 约束边缘端柱；(c) 约束边缘翼墙；(d) 约束边缘转角墙

归入剪力墙柱的端柱、暗柱等不是普通概念的柱，墙柱不能脱离整片剪力墙而独立存在，也不能独立变形。墙柱实质上是剪力墙集中配筋加强部位。归入剪力墙梁的暗梁、边框梁也不是普通概念的梁，不能像普通梁独立变形。暗梁、边框梁实质上是剪力墙在楼层位置的水平加强带。归入剪力墙梁的连梁的主要功能是连接两片剪力墙，与普通梁的受力有很大不同。

### 5.1.2　剪力墙构件的钢筋

剪力墙柱的钢筋由纵向钢筋与横向箍筋构成，构造与柱类似；剪力墙墙身的钢筋由竖向分布筋、水平分布筋和拉筋构成；剪力墙梁的钢筋由纵向钢筋、箍筋及拉筋构成。

## 5.2　剪力墙平法施工图制图规则

剪力墙平法施工图制图规则是在剪力墙平面布置图上采用列表注写方式或截面注写方式表达剪力墙结构设计内容的方法。本节的内容主要有：剪力墙平法施工图的表示方法、列表注写方式和截面注写方式等。

### 5.2.1　剪力墙平法施工图的表示方法

剪力墙平面布置图的主要功能是表示竖向构件，可采用适当比例单独绘制，也可与柱或梁平面布置图合并绘制。当剪力墙较复杂或采用截面注写方式时，应按标准层分别绘制剪力墙平面布置图。

当采用列表注写方式时，在平面布置图上，采用剪力墙柱表、剪力墙身表、剪力墙梁表，按构件编号列明各构件的几何尺寸和配筋，构成剪力墙平法施工图。

当采用截面注写方式时，在平面布置图上的剪力墙及墙身部位绘制配筋，直接标注剪力墙柱、墙身和墙梁的截面尺寸和配筋，构成剪力墙平法施工图。

除此之外，剪力墙平法施工图中还包含结构层楼面标高、结构层高及相应的结构层号，便于明确图纸所表示的墙梁顶面的标高和各墙柱墙身在整个结构中的竖向定位。而剪力墙平法施工图中未包括的构件构造和节点构造设计详图，则以标准构造详图的方式统一提供。

一般情况，剪力墙平法施工图中标注的尺寸以毫米（mm）为单位，标高以米（m）为单位。

### 5.2.2 列表注写方式

1. 含义

剪力墙列表注写方式是在剪力墙柱表、剪力墙身表和剪力墙梁表中，对应于剪力墙平面布置图上的编号，用绘制截面配筋图并注写几何尺寸与配筋具体数值的方式，来表达剪力墙平面施工图，如图 5-3 所示。

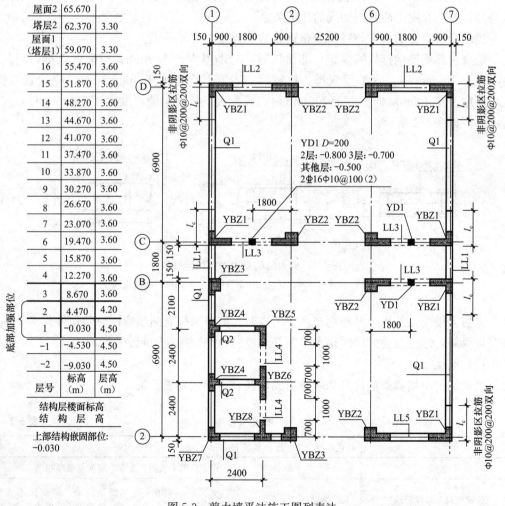

图 5-3 剪力墙平法施工图列表法

2. 剪力墙编号

剪力墙按墙柱、墙身、墙梁三个构件分别编号。

（1）墙柱编号

墙柱编号由墙柱类型代号和序号组成，表达形式见表 5-1。

剪力墙柱编号　　　　　　　　　　　　　　　　　表 5-1

| 墙柱类型 | 代号 | 序号 | 墙柱类型 | 代号 | 序号 |
|---|---|---|---|---|---|
| 约束边缘构件 | YBZ | ×× | 非边缘暗柱 | AZ | ×× |
| 构造边缘构件 | GBZ | ×× | 扶壁柱 | FBZ | ×× |

（2）墙身编号

墙身编号由墙身代号、序号以及墙身所配置的水平与竖向分布钢筋的排数组成。其中，排数注写在括号内，表达形式为：Q××（×排）。在编号中，如若干墙柱的截面尺寸与配筋均相同，仅截面与轴线的关系不同时，可将其编为同一墙柱号；又如若干墙身的厚度尺寸和配筋均相同，仅墙厚与轴线的关系不同或墙身长度不同时，也可将其编为同一墙身号，但应在图中注明与轴线的几何关系。

当墙身所设置的水平与竖向分布钢筋的排数为 2 时可不注。

墙身内部钢筋网排数的规定：非抗震时，当墙厚大于 160mm，应配置双排；当其厚度不大于 160mm 时，宜配置双排。抗震时，当墙厚度不大于 400mm 时，应配置双排；当墙厚度大于 400mm 但不大于 700mm 时，宜配置三排；当墙厚度大于 700mm 时，宜配置四排，如图 5-4 所示。

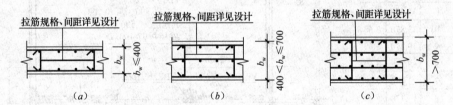

图 5-4　剪力墙墙身水平钢筋网排数

(a) 双排钢筋网；(b) 三排钢筋网；(c) 四排钢筋网

当剪力墙配置的水平分布钢筋多于两排时，剪力墙拉筋两端应同时勾住外排水平纵筋和竖向纵筋，还应与剪力墙内排水平纵筋和竖向纵筋绑扎在一起。

（3）墙梁编号

墙梁编号由墙梁类型代号和序号组成，其表达形式见表 5-2。

墙梁编号　　　　　　　　　　　　　　　　　表 5-2

| 类型 | 代号 | 序号 | 说明 |
|---|---|---|---|
| 连梁 | LL | ×× | 设置在剪力墙洞口上方，宽度与墙厚相同 |
| 连梁（对角暗撑配筋） | LL（JC） | ×× | 交叉暗撑可在一、二级抗震墙，跨高比不大于 2.5，且墙厚不小于 400mm 的连梁中设置 |

| 类 型 | 代 号 | 序 号 | 说 明 |
|---|---|---|---|
| 连梁（交叉斜筋配筋） | LL（JX） | ×× | 交叉钢筋可在一、二级抗震墙，跨高比不大于2.5，且墙厚不小于250mm的连梁中设置 |
| 连梁（集中对角斜筋配筋） | LL（DX） | ×× | 交叉钢筋可在一、二级抗震墙，跨高比不大于2.5，且墙厚不小于400mm的连梁中设置 |
| 暗梁 | AL | ×× | 设置在剪力墙楼面或屋面位置，并嵌入墙身内 |
| 边框梁 | BKL | ×× | 设置在剪力墙楼面或屋面位置，并部分突出墙身 |

**3. 剪力墙柱表**

剪力墙柱表如表5-3所示，其主要内容有：

剪力墙柱表 表5-3

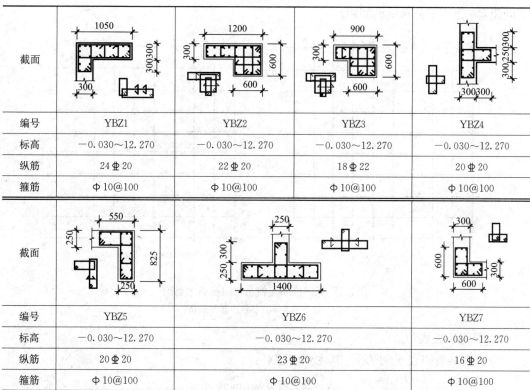

| 编号 | YBZ1 | YBZ2 | YBZ3 | YBZ4 |
|---|---|---|---|---|
| 标高 | −0.030～12.270 | −0.030～12.270 | −0.030～12.270 | −0.030～12.270 |
| 纵筋 | 24$\Phi$20 | 22$\Phi$20 | 18$\Phi$22 | 20$\Phi$20 |
| 箍筋 | $\Phi$10@100 | $\Phi$10@100 | $\Phi$10@100 | $\Phi$10@100 |

| 编号 | YBZ5 | YBZ6 | YBZ7 |
|---|---|---|---|
| 标高 | −0.030～12.270 | −0.030～12.270 | −0.030～12.270 |
| 纵筋 | 20$\Phi$20 | 23$\Phi$20 | 16$\Phi$20 |
| 箍筋 | $\Phi$10@100 | $\Phi$10@100 | $\Phi$10@100 |

（1）墙柱编号，绘制各段墙柱的截面配筋图，标注墙柱几何尺寸。

（2）各段墙柱的起止标高，自墙柱根部往上以变截面位置或截面未变但配筋改变处为界分段注写。墙柱根部标高一般指基础顶面标高（部分框支剪力墙结构则为框支梁顶面）。

（3）各段墙柱的纵向钢筋和箍筋。纵向钢筋注总配筋值，其注写值应与在表中绘制的截面配筋图一致。墙柱箍筋的注写方式与柱箍筋相同，应注写箍筋的规格与间距，箍筋肢数与复合方式应在截面配筋中准确绘制。约束边缘构件除注写阴影部分的箍筋以外，尚需在剪力墙平面布置图中注写非阴影区内的拉筋或箍筋。

4. 剪力墙墙身表如表 5-4 所示，其主要内容有：

剪力墙墙身表（mm） 表 5-4

| 编号 | 标高 | 墙厚 | 水平分布筋 | 竖直分布筋 | 拉筋（双向） |
|---|---|---|---|---|---|
| Q1 | −0.030～30.270 | 300 | Φ12@200 | Φ12@200 | 6@600@600 |
| | 30.270～59.070 | 250 | Φ10@200 | Φ10@200 | 6@600@600 |
| Q2 | −0.030～30.270 | 250 | Φ10@200 | Φ10@200 | 6@600@600 |
| | 30.270～59.070 | 200 | Φ10@200 | Φ10@200 | 6@600@600 |

（1）墙身编号。

（2）各段墙身起止标高，自墙身根部往上以变截面位置或截面未变但配筋改变处为界分段注写。墙身根部标高一般指基础顶面标高（部分框支剪力墙结构则为框支梁顶面）。

（3）各段墙身的水平分布筋、竖向分布筋和拉筋的具体数值。注写的数值为一排水平分布钢筋和竖向分布钢筋的规格与间距，具体设置排数在墙身编号后面表达。

拉筋应注明布置方式"双向"或"梅花双向"，如图 5-5 所示（图中 $a$ 为竖向分布钢筋间距，$b$ 为不平分布钢筋间距）。

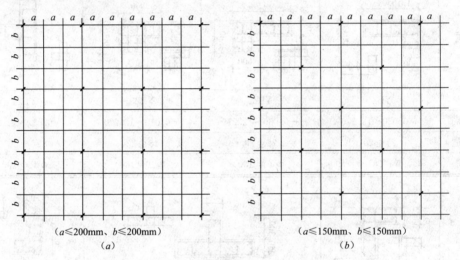

（$a$≤200mm、$b$≤200mm）　　　　　　　　（$a$≤150mm、$b$≤150mm）

（$a$）　　　　　　　　　　　　　　　　　　（$b$）

图 5-5　双向拉筋与梅花双向拉筋示意图

（$a$）拉筋@$3a3b$；（$b$）拉筋@$4a4b$

5. 剪力墙梁表

剪力墙梁表如表 5-5 所示，其主要内容有：

剪力墙梁表（mm） 表 5-5

| 编号 | 所在楼层号 | 梁顶相对标高高差 | 梁截面 $b×h$ | 上部纵筋 | 下部纵筋 | 箍筋 |
|---|---|---|---|---|---|---|
| LL1 | 2～9 | 0.800 | 300×2000 | 4Φ22 | 4Φ22 | Φ10@100 （2） |
| | 10～16 | 0.800 | 250×2000 | 4Φ22 | 4Φ22 | Φ10@100 （2） |
| | 屋面1 | | 250×1200 | 4Φ22 | 4Φ22 | Φ10@100 （2） |
| LL2 | 3 | −1.200 | 300×2520 | 4Φ22 | 4Φ22 | Φ10@150 （2） |
| | 4 | −0.900 | 300×2070 | 4Φ22 | 4Φ22 | Φ10@150 （2） |
| | 5～9 | −0.900 | 300×1770 | 4Φ22 | 4Φ22 | Φ10@150 （2） |
| | 10～屋面1 | −0.900 | 250×1770 | 3Φ22 | 3Φ22 | Φ10@150 （2） |

续表

| 编号 | 所在楼层号 | 梁顶相对标高高差 | 梁截面 $b \times h$ | 上部纵筋 | 下部纵筋 | 箍筋 |
|---|---|---|---|---|---|---|
| LL3 | 2 | | 300×2070 | 4Φ22 | 4Φ22 | Φ10@100（2） |
| | 3 | | 300×1770 | 4Φ22 | 4Φ22 | Φ10@100（2） |
| | 4～9 | | 300×1170 | 4Φ22 | 4Φ22 | Φ10@100（2） |
| | 10～屋面 1 | | 250×1170 | 3Φ22 | 3Φ22 | Φ10@100（2） |
| LL4 | 2 | | 250×2070 | 3Φ20 | 3Φ20 | Φ10@120（2） |
| | 3 | | 250×1770 | 3Φ20 | 3Φ20 | Φ10@120（2） |
| | 4～屋面 1 | | 250×1170 | 3Φ20 | 3Φ20 | Φ10@120（2） |
| AL1 | 2～9 | | 300×600 | 3Φ20 | 3Φ20 | Φ8@150（2） |
| | 10～16 | | 250×500 | 3Φ18 | 3Φ18 | Φ8@150（2） |
| BKL1 | 屋面 1 | | 500×750 | 4Φ22 | 4Φ22 | Φ10@150（2） |

（1）墙梁编号。

（2）墙梁所在楼层号。

（3）墙梁顶面标高高差。该高差是相对于墙梁所在结构层楼面标高的高差值。高于者为正值，低于者为负值，当无高差时不注。

（4）截面尺寸 $b \times h$、上部纵筋、下部纵筋和箍筋的具体数值。

（5）当连梁设有对角暗撑时［代号 LL（JC）××］，注写暗撑的截面尺寸（箍筋外皮尺寸）；注写一根暗撑的全部纵筋，并标注"×2"表明有两根暗撑相与交叉；注写暗撑箍筋的具体数值。

（6）当连梁设有交叉斜筋时［代号 LL（JX）××］，注写连梁一侧对角斜筋的配筋值，并标注"×2"表明对称设置；注写对角斜筋在连梁端部设置的拉筋根数、规格及直径，并标注"×4"表示四个角都设置；注写连梁一侧折线筋配筋值，并标注"×2"表明对称设置。

（7）当连梁设有集中对角斜筋时［代号 LL（DX）××］，注写一条对角线上的对角斜筋，并标注"×2"表明对称设置。

当墙身水平分布钢筋满足连梁、暗梁及边框梁的梁侧面纵向构造钢筋的要求时，墙梁侧面纵筋的配筋配置同墙身水平分布筋，表中不注，施工按标准构造详图的要求即可；当不满足时，应在表中补充注明梁侧面纵筋的具体数值（其在支座内的锚固要求同连梁中受力钢筋）。

### 5.2.3　截面注写方式

1. 含义

剪力墙截面注写方式是在分标准层绘制的剪力墙平面布置图上，以直接在墙柱、墙身、墙梁上注写截面尺寸和配筋具体数值的方式来表达剪力墙平法施工图。

绘制施工图时，应选用适当比例原位放大剪力墙平面布置图，对其中的墙柱绘制配筋截面图，对所有墙柱、墙身、墙梁进行编号，并分别在相同编号的墙柱、墙身、墙梁中各选择一个代表构件进行标注，如图 5-6 所示。

2. 截面注写方式一般规定

（1）墙柱的注写

在标注墙柱的内容时，从平面布置图中相同编号的墙柱中选择一个截面，集中注写墙

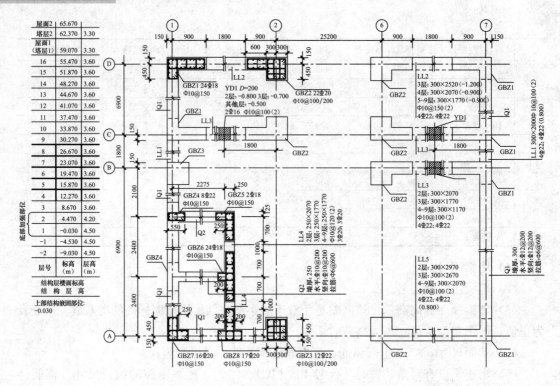

图 5-6  剪力墙平法施工图截面注写法

柱编号、墙柱纵筋、箍筋和拉筋的具体数值，并在各种墙柱截面配筋图上原位标注几何尺寸和定位尺寸。

（2）墙身的注写

在标注墙身的内容时，从平面布置图中相同编号的墙身中选择一道墙身，按顺序引注墙身编号（应包括注写在括号内墙身所配置的水平与竖向分布钢筋的排数）、墙厚尺寸、水平分布钢筋、竖向分布钢筋和拉筋的具体数值。

（3）墙梁的注写

在标注墙梁的内容时，从平面布置图中相同编号的墙梁中选择一根墙梁，按顺序引注墙梁编号、所在楼层号（墙梁顶面相对标高高差）、截面尺寸 $b×h$、墙梁箍筋（肢数）、上部纵筋、下部纵筋的具体数值。

当连梁设有对角暗撑［代号 LL（JC）××］、交叉斜筋［代号 LL（JX）××］和集中对角斜筋［代号 LL（DX）××］时，注写规则同墙梁。

当墙身水平分布钢筋不满足连梁、暗梁及边框梁的梁侧面纵向构造钢筋的要求时，应补充注明梁侧面纵筋的具体数值。注写时，以大写字线 N 打头，接续注写直径与间距，其在支座内的锚固要求同连梁中受力钢筋。

### 5.2.4  剪力墙洞口表示方法

无论采用列表注写方式还是截面注写方式，剪力墙上的洞口均可在剪力墙平面布置图上原位表达，如图 5-3、图 5-6 所示。

1. 洞口的示意

在剪力墙平面布置图上绘制洞口示意，并标注洞口中心的平面定位尺寸。

2. 洞口的标注内容

在洞口中心位置引注以下内容：

（1）洞口的编号

矩形洞口为 JD××，圆形洞口为 YD×× （××为序号）。

（2）洞口几何尺寸

矩形洞口为洞宽×洞高 （$b×h$），圆形洞口为洞口直径 $D$。

（3）洞口中心相对标高

洞口中心相对标高是指相对于结构层楼（地）面标高的洞口中心高度。当其高于结构层楼面时为正值，低于结构层楼面时为负值。

（4）洞口每边的补强钢筋

当矩形洞口的洞宽、洞高均不大于 800mm 时，此项注写为洞口每边补强钢筋的具体数值（如果按标准构造详图设置补强钢筋时可不注）。当洞宽、洞高方向补强钢筋不一致时，分别注写洞宽方向、洞高方向补强钢筋，并以"/"分隔。

当矩形或圆形洞口的洞宽或直径大于 800mm 时，在洞口的上、下需设置补强暗梁。此项注写为洞口上、下每边暗梁的纵筋与箍筋的具体数值（在标准构造详图中，补强暗梁梁高一律为 400mm，施工时按标准构造详图取值，设计不注。当设计者采用与该构造详图不同的做法时，应另行注明），圆形洞口时尚需注明环向加强钢筋的具体数值；当洞口上、下边为剪力墙连梁时，此项不注；洞口竖向两侧设置边缘构件时，也不注（当洞口两侧不设置边缘构件时，设计者应给出具体做法）。

当圆形洞口设置在连梁中部 1/3 范围（且圆洞直径不大于 1/3 梁高）时，施工图中需注写在圆洞上下水平设置的每边补强纵筋与箍筋。

当圆形洞口设置在墙身或暗梁、边框梁位置，且洞口直径不大于 300mm 时，此项注写为洞口上下左右每边布置的补强纵筋的具体数值。

当圆形洞口直径大于 300mm，但不大于 800mm 时，其加强钢筋按照圆外切正六边形的边长方向布置，设计仅需注写六边形中一边补强钢筋的具体数值。

### 5.2.5 地下室外墙表示方法

本节地下室外墙仅适用于起挡土作用的地下室外围护墙。地下室外墙中墙柱、连梁及洞口等的表示方法同地上剪力墙。

地下室外墙单独编号，其编号由墙身代号、序号组成，可表达为：DWQ××。

地下室外墙注写方式包括集中标注和原位标注两部分，如图 5-7 所示。

1. 集中标注

集中标注的内容有：

（1）地下室外墙编号，包括代号、序号、墙身长度（注为××～××轴）。

（2）地下室外墙厚度 $b_w$＝×××。

（3）地下室外墙的外侧、内侧贯通筋和拉筋。

以 OS 表示外墙外侧贯通筋，其中，外侧水平贯通筋以 H 打头注写，外侧竖向贯通筋以 V 打头注写；以 IS 表示外墙内侧贯通筋，其中，内侧水平贯通筋以 H 打头注写，内侧竖向贯通筋以 V 打头注写。

以 tb 打头注写拉筋直径、强度等级及间距，并注明"双向"或"梅花双向"。

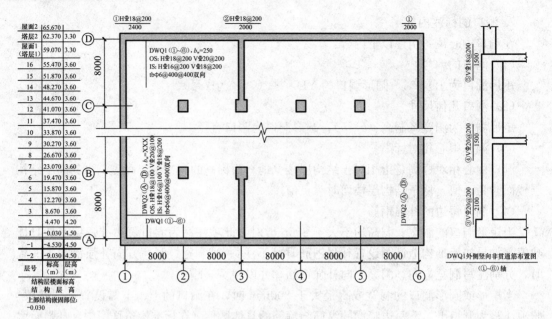

图 5-7　地下室外墙平法施工图

**2. 原位标注**

地下室外墙的原位标注主要表示在外墙外侧配置的水平非贯通筋或竖向非贯通筋。

当配置水平非贯通筋时，在地下室墙体平面图上原位标注。在地下室外墙外侧绘制粗实线段代表水平非贯通筋，在其上注写钢筋编号并以 H 打头注写钢筋强度等级、直径、分布间距，及自支座中线向两边跨内的伸出长度值。当自支座中线向两侧对称伸出时，可仅在单侧标注跨内伸出长度，另一侧不注。此种情况下非贯通筋总长度为标注长度的 2 倍。边支座处非贯通钢筋的伸出长度从支座外边缘算起。

地下室外墙外侧非贯通筋通常采用"隔一布一"方式与集中标注的贯通筋间隔布置，其标注间距应与贯通筋相同，两者组合后的实际分布间距为各自标注间距的 1/2。

当在地下室外墙外侧底部、顶部，中层楼板位置配置竖向非贯通筋时，应补充绘制地下室外墙竖向截面轮廓图并在其上原位标注。其表示方法为在地下室外墙竖向截面轮廓图外侧绘制粗实线段代表竖向非贯通筋，在其上注写钢筋编号并以 V 打头注写钢筋强度等级、直径、分布间距，及向上（下）层的伸出长度值，并在外墙竖向截面图名下注明分布范围（××～××轴）。

地下室外墙外侧水平、竖向非贯通筋配置相同者，可仅选择一处注写，其他可仅注写编号。当地下室外墙顶部设置通长加强钢筋时应注明。

# 5.3　剪力墙标准构造详图

在剪力墙平法施工图中，剪力墙由墙柱、墙身和墙梁构成；剪力墙的钢筋构造主要分为墙柱钢筋构造、墙身钢筋构造、墙梁钢筋构造和洞口构造等。

### 5.3.1　剪力墙柱钢筋构造

剪力墙柱钢筋构造包括插筋在基础中的锚固、剪力墙边缘构件纵筋的连接构造等。需注意的是端柱、小墙肢的竖向钢筋与箍筋构造与框架柱相同。本书中的小墙肢为截面高度不大于截面厚度 4 倍的矩形截面独立墙肢。

1. 剪力墙墙柱配筋构造

（1）构造边缘构件截面配筋如图 5-8 所示。

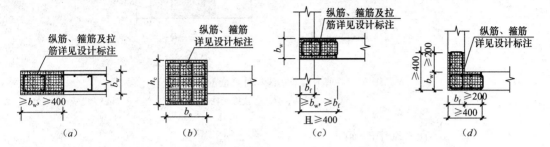

图 5-8　剪力墙构造边缘构件截面配筋构造

（a）构造边缘暗柱；（b）构造边缘端柱；（c）构造边缘翼墙；（d）构造边缘转角墙

（2）约束构造边缘构件截面配筋如图 5-9 所示。

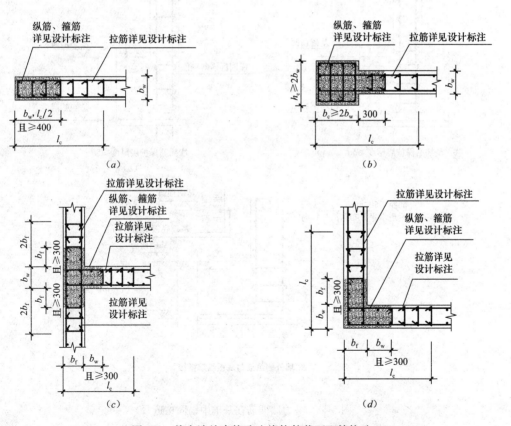

图 5-9　剪力墙约束构造边缘构件截面配筋构造

（a）约束边缘暗柱；（b）约束边缘端柱；（c）约束边缘翼墙；（d）约束边缘转角墙

（3）非边缘构件截面配筋如图 5-10 所示。

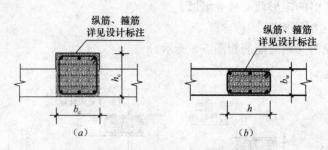

图 5-10　剪力墙非边缘构件截面配筋构造

（a）扶壁柱；（b）非边缘暗柱

2. 剪力墙插筋在基础中的锚固

剪力墙（墙柱和墙身）的插筋在基础的锚固构造形式有 3 种，如图 5-11、图 5-12 所示。

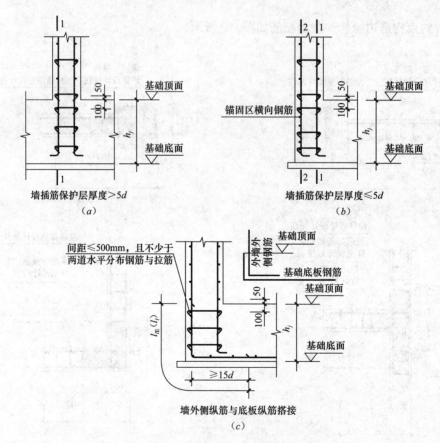

图 5-11　剪力墙插筋在基础中锚固构造

（a）构造 1；（b）构造 2；（c）构造 3

剪力墙插筋在基础中锚固构造的构造要求：

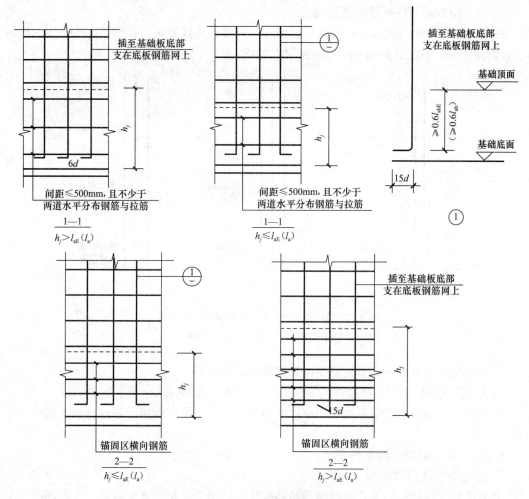

图 5-12　剪力墙插筋构造详图

（1）当墙插筋保护层厚度＞$5d$ 时，插筋纵筋伸至基础底部水平弯折。当基础高度 $h_j$ 大于剪力墙插筋最小锚固长度（$l_{aE}$ 或 $l_a$），水平弯折长度为 $6d$；当基础高度 $h_j$ 不大于剪力墙插筋最小锚固长度（$l_{aE}$ 或 $l_a$）时，水平弯折长度为 $15d$。基础内剪力墙需设置间距不大于 500mm，且不少于两道的水平分布筋和拉筋。

（2）当墙外侧插筋保护层厚度≤$5d$ 时，插筋纵筋伸至基础底部水平弯折 $15d$。基础内设置锚固区横向钢筋时，横向钢筋应满足直径≥$d/4$（$d$ 为插筋最大直径），间距≤$10d$（$d$ 为插筋最小直径）且≤100mm 的要求。

（3）当插筋部分保护层厚度不一致时（如部分位于板中，部分位于梁中），保护层厚度小于 $5d$ 的部位应设置锚固区横向钢筋。

（4）当基础高度能满足最小锚固长度要求时，在能满足施工要求的前提下，可采取下列锚固形式：墙柱插筋中的角部钢筋按上述要求弯折，中间部位钢筋按最小锚固长度截断；剪力墙身插筋可由设计指定，将一定比例的钢筋伸至基础底部钢筋网水平弯折，其余钢筋伸至基础内满足最小锚固长度即可截断。

3. 剪力墙边缘构件纵筋的连接构造

约束边缘构件和构造边缘构件相邻纵筋有三种常见连接方式，分别是绑扎搭接、机械连接和焊接。剪力墙边缘构件纵筋的连接构造如图 5-13 所示。

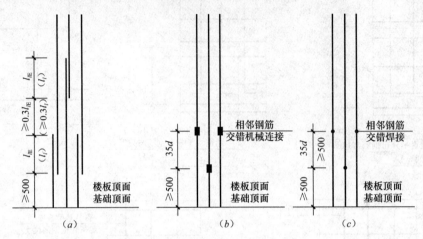

图 5-13　剪力墙边缘构件纵向钢筋连接构造
(a) 绑扎搭接；(b) 机械连接；(c) 焊接

剪力墙纵筋连接点距离楼板顶面或基础顶面≥500mm。

边缘构件纵筋采用绑扎搭接时，搭接长度为 $l_{lE}$ ($l_l$)，搭接接头错开净距≥$0.3l_{lE}$ ($0.3l_l$)。

边缘构件纵筋采用机械连接时，连接接头错开 $35d$；采用焊接时，连接接头错开 $35d$ 且≥500mm。

### 5.3.2　剪力墙墙身钢筋构造

1. 剪力墙竖向钢筋构造

剪力墙竖向钢筋构造包括竖向钢筋插筋构造、竖向分布钢筋连接构造、变截面处竖向分布钢筋构造、竖向钢筋顶部构造、竖向分布钢筋锚入连梁构造等。其中竖向钢筋插筋构造见剪力墙插筋在基础中的锚固构造。

(1) 竖向分布钢筋连接构造

剪力墙竖向分布钢筋分为绑扎搭接、机械连接和焊接三种连接方式。

剪力墙竖向分布钢筋采用绑扎搭接时：一、二级抗震等级底部加强部位，搭接长度为≥$1.2l_{aE}$ ($1.2l_a$)，相邻搭接接头错开净距为 500mm，如图 5-14 (a) 所示；一、二级抗震等级非底部加强部位或三、四级抗震等级或非抗震，搭接长度为≥$1.2l_{aE}$ ($1.2l_a$)，可在同一部位进行搭接，如图 5-14 (b) 所示；在各级抗震或非抗震设计中，剪力墙竖向分布筋均可在墙身任意部位搭接。

剪力墙竖向分布钢筋采用机械连接时：各级抗震或非抗震设计中，相邻剪力墙竖向分布筋应交错连接，相邻搭接接头错开 $35d$，第一个连接头距楼板顶面（基础顶面）或楼板底面≥500mm，如图 5-14 (c) 所示。

剪力墙竖向分布钢筋采用焊接时：各级抗震或非抗震设计中，相邻剪力墙竖向分布筋应交错连接，相邻搭接接头错开 $35d$ 且≥500mm，第一个连接头距楼板顶面（基础顶面）或楼板底面≥500mm，如图 5-14 (d) 所示。

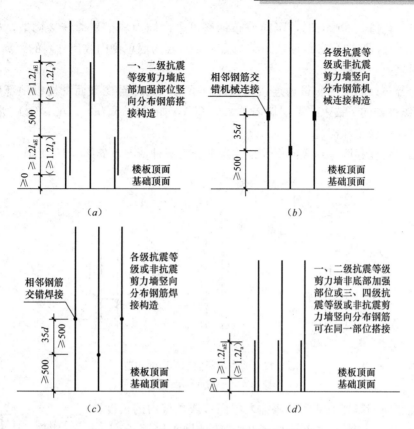

图 5-14　剪力墙竖向分布钢筋连接构造

（2）变截面处竖向分布钢筋构造

剪力墙变截面处竖向分布钢筋构造如图 5-15 所示。

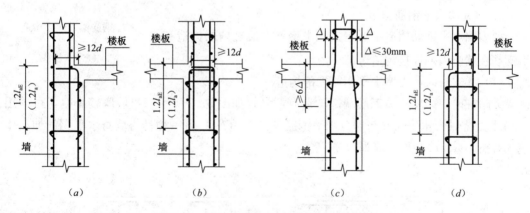

图 5-15　剪力墙变截面处竖向分布钢筋构造

（a）外墙 1；（b）内墙 1；（c）内墙 2；（d）外墙 2

　　剪力墙（墙柱和墙身）变截面处竖向分布钢筋构造同框架柱类似，分为非贯通连接和向内斜锚贯通连接构造两种。

当墙厚变化值≤30mm 时，竖向分布钢筋可采用向内斜锚贯通连接构造，如图 5-15 (c) 所示；此时，竖向分布钢筋从距结构面≥6Δ（Δ为墙单侧内收尺寸）的距离向内斜弯后向上直通至上一楼层。

当竖向分布钢筋采用非贯通连接构造时，下层纵筋伸至变截面处楼板顶部向内弯折 12d，上层纵筋则向下锚入当前层墙内 $1.2l_{aE}$（$l_a$），如图 5-15 (a)、(b)、(d) 所示。

（3）竖向钢筋顶部构造

剪力墙（墙柱和墙身）竖向钢筋顶部构造分为三种情况，如图 5-16 所示。

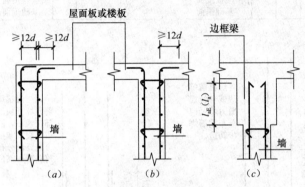

图 5-16  剪力墙竖向钢筋顶部构造

(a) 外墙；(b) 内墙；(c) 墙顶有边框梁

剪力墙竖向钢筋到顶部后，弯锚入屋面板或楼板内的长度≥12d；如有边框梁，伸入边框内的长度应满足最小锚固长度 $l_{aE}$（$l_a$）的要求。

（4）竖向分布钢筋锚入连梁构造

当剪力墙下构件为连梁时，则剪力墙竖向分布钢筋锚入连梁应满足最小锚固长度 $l_{aE}$（$l_a$）的要求，如图 5-17 所示。

2. 剪力墙水平钢筋构造

剪力墙水平钢筋构造主要包括水平钢筋在墙柱内的构造和水平钢筋在墙身内的连接构造等。

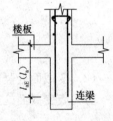

图 5-17  剪力墙竖向分布钢筋锚入连梁构造

（1）无暗柱时剪力墙水平钢筋端部构造

无暗柱时剪力墙水平钢筋端部构造有两种，如图 5-18 所示。当墙厚较小时，可采用在端部设置 U 形水平筋并与墙身水平钢筋搭接 $l_{lE}$（$l_l$）；另一种是将墙身水平钢筋伸至墙端部弯折 10d。墙端均设双列拉筋。

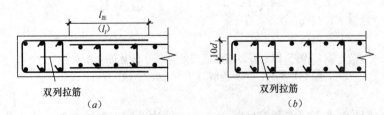

图 5-18  无暗柱时水平钢筋端部构造

(a) 构造 1（墙厚较小时）；(b) 构造 2

（2）有暗柱时剪力墙水平钢筋端部构造

有暗柱时剪力墙水平钢筋端部构造如图 5-19 所示，将墙身水平钢筋伸至墙端暗柱角筋内侧，然后弯折 $10d$。

（3）剪力墙水平钢筋在端柱内的构造

剪力墙水平钢筋在端柱内的构造会因为端柱的位置不同而不相同。

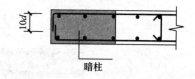

图 5-19　有暗柱时水平钢筋端部构造

当端柱位于转角部位时，剪力墙水平钢筋的构造如图 5-20 所示。剪力墙外侧水平钢筋伸至端柱对边竖向钢筋内侧，并且保证直锚长度 $\geqslant 0.6l_{abE}$（$0.6l_{ab}$），然后弯折 $15d$；剪力墙内侧水平钢筋伸至端柱对边竖向钢筋内侧，然后弯折 $15d$。

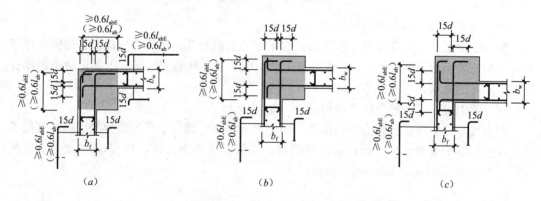

图 5-20　剪力墙水平钢筋在端柱内构造 1
（$a$）端柱转角墙 1；（$b$）端柱转角墙 2；（$c$）端柱转角墙 3

当端柱位于非转角部位时，剪力墙水平钢筋的构造如图 5-21 所示。剪力墙水平钢筋伸至端柱对边竖向钢筋内侧，然后弯折 $15d$。

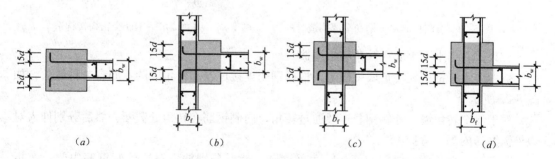

图 5-21　剪力墙水平钢筋在端柱内构造 2
（$a$）端柱端部墙；（$b$）端柱翼墙 1；（$c$）端柱翼墙 2；（$d$）端柱翼墙 3

当墙体水平钢筋伸入端柱内的直锚长度 $\geqslant l_{aE}$（$l_a$）时，可不必上下弯折，但必须伸至端柱对边竖向钢筋内侧位置。

（4）剪力墙水平钢筋在翼墙内的构造

剪力墙水平钢筋在翼墙内的构造如图 5-22 所示，翼墙两翼的墙身水平钢筋连续通过翼墙，翼墙肢部墙身水平钢筋伸至翼墙对边外侧钢筋内侧后，水平弯折 $15d$。

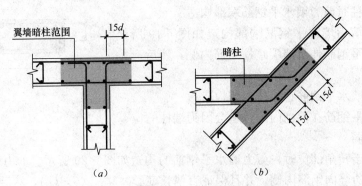

图 5-22　剪力墙水平钢筋在翼墙内构造

(*a*)翼墙；(*b*)斜交翼墙

（5）水平变截面墙水平钢筋构造

剪力墙沿水平方向截面发生改变时，水平钢筋会被断开，然后在变截面处锚固。厚墙的水平钢筋伸至截面改变处，向内弯折 $15d$，薄墙的水平钢筋伸至厚墙内满足最小锚固长度 $l_{aE}$（$l_a$）的要求，如图 5-23 所示。

（6）剪力墙水平钢筋交错搭接构造

剪力墙水平钢筋连接时应交错搭接，同侧上下相邻的墙身水平钢筋交错搭接，同层不同侧左右相邻的墙身水平钢筋也应交错搭接，搭接长度为 $\geqslant 1.2l_{aE}$（$1.2l_a$），相邻搭接接头错开净距为 $500\text{mm}$，如图 5-24 所示。

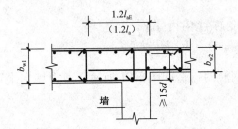

图 5-23　有暗柱时水平钢筋端部构造

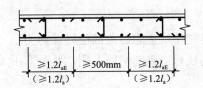

图 5-24　剪力墙水平钢筋交错搭接构造

（7）剪力墙水平钢筋在转角墙中构造

剪力墙水平钢筋在转角墙中构造，根据钢筋连接位置和转角墙的不同有 4 种做法，如图 5-25 所示。

对于斜交转角墙，外侧钢筋连续通过转角，内侧钢筋在转角处截断，然后分别伸入对边外侧钢筋内侧，弯折 $15d$。

对于直交转角墙，内侧钢筋在转角处截断，然后分别伸入对边外侧钢筋内侧，弯折 $15d$。外侧钢筋有三种做法：第一种是水平钢筋在转角的同一侧连接，上下相邻的墙身水平钢筋交错搭接，搭接长度 $\geqslant 1.2l_{aE}$（$1.2l_a$），相邻搭接接头错开净距为 $500\text{mm}$；第二种是相邻水平钢筋在转角的两侧交错连接，搭接长度为 $\geqslant 1.2l_{aE}$（$1.2l_a$），搭接范围应避开转角墙暗柱范围；第三种是水平钢筋在转角墙暗柱范围内搭接，搭接长度为 $l_{aE}$（$l_a$）。

### 5.3.3　剪力墙梁钢筋构造

1. 连梁钢筋构造

剪力墙连梁的配筋构造包括纵筋构造和箍筋构造，如图 5-26 所示。

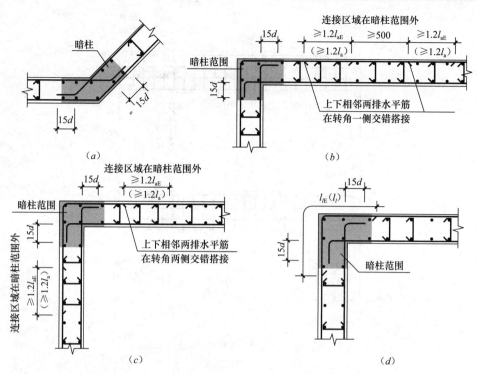

图 5-25　剪力墙水平钢筋在转角墙中的构造

（a）斜交转角墙；（b）转角墙 1；（c）转角墙 2；（d）转角墙 3

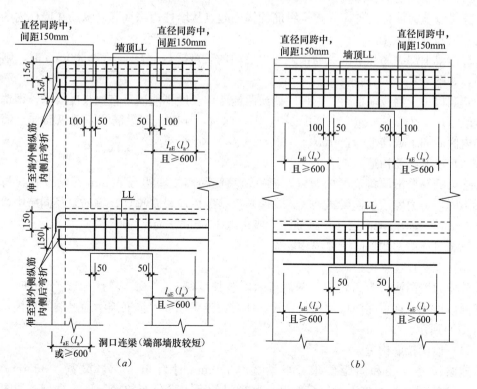

图 5-26　剪力墙连梁钢筋构造（一）

（a）单洞口连梁 1；（b）单洞口连梁 2

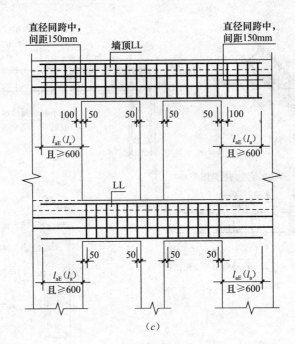

图 5-26　剪力墙连梁钢筋构造（二）

(c) 双洞口连梁

（1）连梁纵筋的锚固构造

连梁以剪力墙柱为支座，连梁纵筋的锚固起点从墙柱边缘算起。纵筋在墙柱内的锚固分为直锚和弯锚。

若连梁上部纵筋和下部纵筋锚入剪力墙内的长度≥$l_{aE}$（$l_a$），且≥600mm 时，则采用直锚，如图 5-26（b）所示。

若洞口位于墙肢端部时，洞口一侧或两侧墙体长度不能满足直锚长度要求，即锚固长度≥$l_{aE}$（$l_a$），且≥600mm 时，可采用弯锚；此时，连梁上部纵筋和下部纵筋伸至墙外侧纵筋内侧后向下或向上弯折 15$d$，如图 5-26（a）所示。

（2）连梁箍筋构造

连梁的箍筋沿洞口范围内布置，第一道箍筋距离支座边缘 50mm 开始设置。与楼层连梁不同，剪力墙顶层连梁纵筋锚入支座长度范围内应设置箍筋，箍筋直径同跨中，间距为 150mm，支座范围内第一个箍筋距支座边缘 100mm 开始设置。

双洞口连梁两洞口间墙体内箍筋连续设置。

（3）双洞口连梁构造

若剪力墙两洞口距离较近，两洞口间墙肢长度≤2$l_{aE}$（2$l_a$），且≤1200mm 时，可采用双洞口连梁，连梁在洞口间通长设置。此时，连梁纵筋、箍筋连续通过洞间墙体，如图 5-26（c）所示。

（4）连梁拉筋构造

连梁拉筋直径和间距要求：当梁宽≤350mm 时为 6mm，当梁宽＞350mm 时为 8mm；拉筋间距为两倍连梁箍筋间距，竖向沿侧面水平分布拉筋，隔一拉一，如图 5-27 所示。

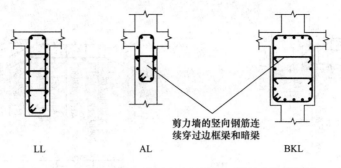

图 5-27  剪力墙连梁、暗梁和边框梁侧面纵筋和拉筋构造

2. 剪力墙边框梁、暗梁构造

剪力墙的竖向钢筋应连续穿过边框梁和暗梁；穿过暗梁时，应在暗梁纵筋外侧贯通，竖向钢筋不考虑在边框梁和暗梁内的锚固。侧面纵筋和拉筋构造如图 5-27 所示。

顶层边框梁和暗梁与连梁重叠时的配筋构造如图 5-28 所示。

中间层边框梁和暗梁与连梁重叠时的配筋构造如图 5-29 所示。

3. 连梁交叉斜筋配筋、连梁集中对角斜筋配筋、连梁对角暗撑配筋构造

当连梁截面宽度不小于 250mm 时，可采用交叉斜筋配筋；当连梁截面宽度不小于 400mm 时，可采用集中对角斜筋配筋或对角暗撑配筋。

（1）连梁交叉斜筋配筋构造

连梁中设置交叉斜筋时，斜向钢筋锚入连梁支座内的长度≥$l_{aE}$（$l_a$），且≥600mm，如图 5-30 所示。

（2）连梁集中对角斜筋配筋构造

连梁中设置集中对角斜筋时，集中对角斜筋锚入连梁支座内的长度≥$l_{aE}$（$l_a$），且≥600mm。应在梁截面内沿水平方向及竖直方向设置双向拉筋，拉筋应勾住外侧纵向钢筋，间距不应大于 200mm，直径不应大于 8mm，如图 5-31 所示。

（3）连梁对角暗撑配筋构造

连梁中设置对角暗撑配筋时，对角暗撑锚入连梁支座内的长度≥$l_{aE}$（$l_a$），且≥600mm。暗撑箍筋的外缘沿梁截面宽度方向不宜小于梁宽的一半，另一方向不宜小于梁宽的 1/5；对角暗撑约束箍筋肢距不应大于 350mm，如图 5-32 所示。

交叉斜筋配筋连梁、对角暗撑配筋连梁的水平钢筋及箍筋形成的钢筋网之间应采用拉筋拉结，拉筋直径不宜小于 6mm，间距不宜大于 400mm。

### 5.3.4  剪力墙洞口补强钢筋构造

1. 矩形洞口补强钢筋构造

（1）矩形洞口的洞宽和洞高均不大于 800mm 时的洞口补强钢筋构造

当矩形洞口的洞宽、洞高均不大于 800mm，设计未注明补强钢筋规格，则洞口补强钢筋按构造要求设置：每边配置两根直径不小于 12mm 且不小于同向被切断纵向钢筋总面积的 50%的钢筋补强。补强钢筋种类与被切断钢筋相同；补强钢筋两端锚入墙内 $l_{aE}$（$l_a$），如图 5-33（a）所示。

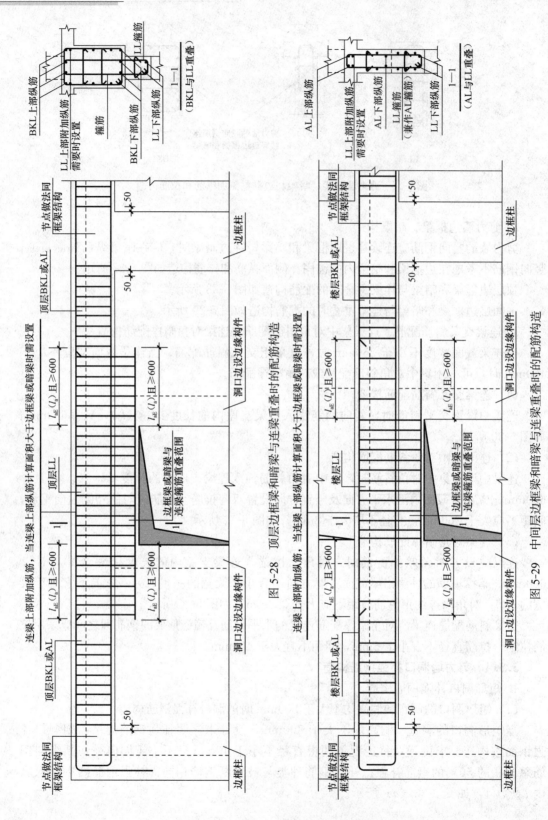

图 5-28　顶层边框梁和暗梁与连梁重叠时的配筋构造

图 5-29　中间层边框梁和暗梁与连梁重叠时的配筋构造

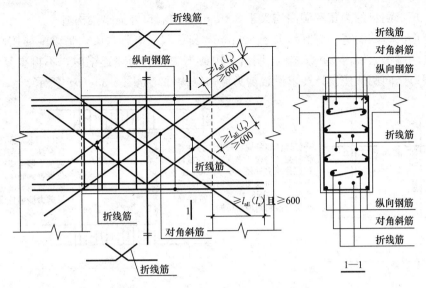

图 5-30　剪力墙连梁交叉斜筋配筋构造

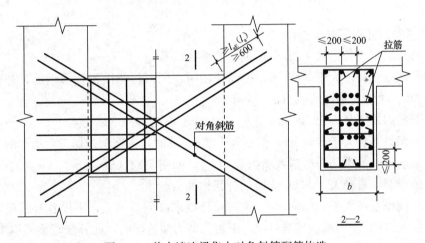

图 5-31　剪力墙连梁集中对角斜筋配筋构造

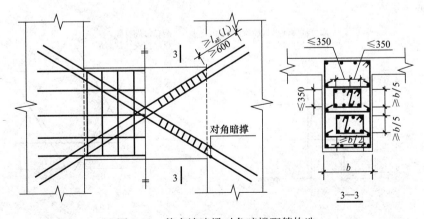

图 5-32　剪力墙连梁对角暗撑配筋构造

（2）矩形洞口的洞宽和洞高均大于 800mm 时的洞口补强暗梁构造

当矩形洞口的洞宽、洞高均大于 800mm，则需设置补强暗梁，暗梁配筋按设计标注，暗梁纵筋两端锚入墙内 $l_{aE}$（$l_a$）。当洞口上边或下边为剪力墙连梁时，不再重复设置补强暗梁。洞口竖向两侧按设计要求设置剪力墙边缘构件，如图 5-33（b）所示。

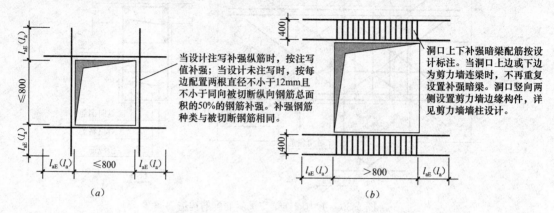

图 5-33 剪力墙矩形洞口补强钢筋构造

**2. 圆形洞口补强钢筋构造**

（1）圆形洞口直径不大于 300mm 时的补强钢筋构造

当圆形洞口直径不大于 300mm，按设计注明在洞口每侧设置补强钢筋，补强钢筋两端锚入墙内 $l_{aE}$（$l_a$），如图 5-34（a）所示。

（2）圆形洞口直径大于 300mm 且小于 800mm 时的补强钢筋构造

当圆形洞口直径大于 300mm，但不大于 800mm 时，按照圆外切正六边形的边长方向布置补强钢筋，补强钢筋两端锚入墙内 $l_{aE}$（$l_a$），如图 5-34（b）所示。

（3）圆形洞口直径大于 800mm 时的补强钢筋构造

当圆形洞口直径大于 800mm 时，应按设计要求在洞口的上、下设置补强暗梁，暗梁纵筋两端锚入墙内 $l_{aE}$（$l_a$）；当洞口上、下边为剪力墙连梁时，此补强暗梁可不重复设置；若设计注明环向加强钢筋时应设置环向加强钢筋；洞口竖向两侧按设计设置边缘构件，如图 5-34（c）所示。

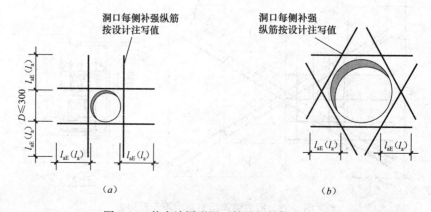

图 5-34 剪力墙圆形洞口补强钢筋构造（一）

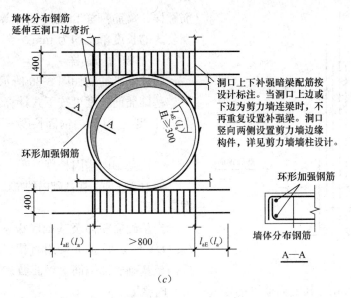

图 5-34　剪力墙圆形洞口补强钢筋构造（二）

## 3. 连梁中部圆形洞口补强钢筋构造

当连梁中部设置圆形洞口时，洞口边缘距梁边不小于 1/3 梁高，且不小于 200mm。洞口上下按设计要求设置补强纵筋与箍筋，补强纵筋两端锚固长度为 $l_{aE}$（$l_a$），如图 5-35 所示。

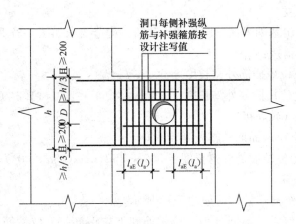

图 5-35　连梁中部圆形洞口补强钢筋构造

# 5.4　剪力墙钢筋翻样与计算

剪力墙钢筋的翻样计算包括墙柱、墙身和墙梁钢筋等部分。

## 5.4.1　剪力墙柱钢筋翻样计算

剪力墙柱按截面的不同分为暗柱、端柱、翼墙和转角墙，其中端柱纵筋和箍筋的构造做法与框架柱一致，可以按框架柱钢筋的要求进行翻样计算；其他墙柱的钢筋翻样计算与框架柱钢筋翻样类似，包括基础插筋翻样、中间层纵筋翻样、顶层纵筋翻样、变截面处纵

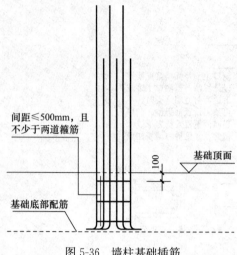

间距≤500mm，且
不少于两道箍筋

基础顶面

基础底部配筋

图 5-36　墙柱基础插筋

筋翻样、箍筋翻样和拉筋翻样等部分。下述计算公式的长度单位均为 mm。

1. 基础插筋翻样

墙柱基础插筋如图 5-36 所示。

基础插筋长度可按下式计算：

插筋长度 = 基础内锚固长度 + 基础外露长度

$$\text{插筋长度} = \text{基础内锚固长度} + \text{基础外露长度} \tag{5-1}$$

（1）基础内锚固长度

剪力墙柱插筋在基础内的锚固长度如图 5-11、图 5-12 所示。

当基础插筋伸至基础底板钢筋时的长度≥ $l_{aE}$（$l_a$）时，插筋可采用直锚。所有角部插筋应插至基础底部钢筋上表面做 90°弯钩，弯折长度≥6$d$ 且≥150mm，其他插筋可插至 $l_{aE}$（$l_a$）时截断。

$$\text{角部插筋基础内锚固长度} = \text{弯折长度} + (\text{基础高度} - \text{基础保护层厚度}) \tag{5-2}$$
$$\text{其他插筋基础内锚固长度} = \text{弯折长度} + l_{aE}(l_a) \tag{5-3}$$

当基础插筋伸至基础底板钢筋的长度< $l_{aE}$（$l_a$）时，插筋可采用弯锚。所有角部插筋应插至基础底部钢筋上表面做 90°弯钩，弯折长度为 15$d$。

$$\text{插筋基础内锚固长度} = \text{弯折长度} + (\text{基础高度} - \text{基础保护层厚度}) \tag{5-4}$$

（2）基础外露长度

下位基础插筋伸出基础表面一段长度后截断，构造要求如图 5-37 所示。

上位若采用绑扎搭接：

$$\text{下位短插筋外露长度} = 500 + l_{lE}(l_l) \tag{5-5}$$
$$\text{上位长插筋外露长度} = 500 + l_{lE}(l_l) + 1.3 l_{lE}(1.3 l_l) \tag{5-6}$$

若采用机械连接（或焊接）：

$$\text{下位短插筋外露长度} = 500 \tag{5-7}$$
$$\text{上位长插筋外露长度} = 500 + 35d(\max(35d, 500)) \tag{5-8}$$

2. 中间层纵筋翻样

剪力墙柱中间层纵筋连接构造如图 5-13 所示。

柱纵筋根据起始位置的不同分为下位钢筋和上位钢筋。下位钢筋从距离本层楼地面 500mm 开始，一直伸入上层柱内 500mm 并与上层柱钢筋连接；上位钢筋则相对于下位钢筋整体上移一个接头错开位置。

中间层墙柱纵筋长度可按下式计算：

$$\text{本层柱纵筋长度} = \text{本层范围内长度} + \text{伸入上层柱内长度} \tag{5-9}$$

（1）本层范围内长度

下位钢筋：本层范围内长度 = 本层层高 − 500　　　　　　　　　　（5-10）

上位钢筋：本层范围内长度 = 本层层高 − 500 − 1.3$l_{lE}$（1.3$l_l$）　（绑扎搭接）（5-11）

本层范围内长度 = 本层层高 − 500 − 35$d$　　　　　　（机械连接）（5-12）

本层范围内长度 = 本层层高 − 500 − max(35$d$, 500)　（焊接）（5-13）

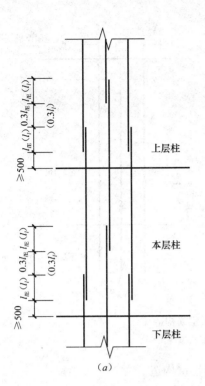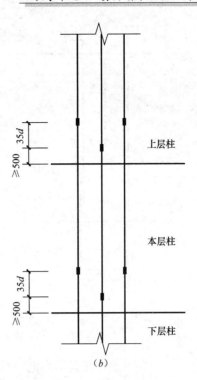

图 5-37　墙柱中间层钢筋连接构造

(a) 绑扎搭接；(b) 机械连接

(2) 伸入上层柱内长度

　　下位钢筋：伸入上层柱内长度 $=500+l_{lE}(l_l)$　　（绑扎搭接）　　(5-14)

　　　　　　　伸入上层柱内长度 $=500$　　（机械连接或焊接）(5-15)

　　上位钢筋：伸入上层柱内长度 $=500+2.3l_{lE}(2.3l_l)$　　（绑扎搭接）(5-16)

　　　　　　　伸入上层柱内长度 $=500+35d$　　（机械连接）　　(5-17)

　　　　　　　伸入上层柱内长度 $=500+\max(35d,500)$　　（焊接）　　(5-18)

3. 顶层纵筋翻样

剪力墙柱顶层纵筋构造如图 5-38 所示。

顶层墙柱纵筋长度可按下式计算：

　　　　　　　顶柱纵筋长度 ＝ 顶范围内长度 + 伸入屋面板内长度　　(5-19)

(1) 顶层范围内长度

　　下位钢筋：顶层范围内长度 ＝ 本层层高 $-500$　　　　　　(5-20)

　　上位钢筋：顶层范围内长度 ＝ 本层层高 $-500-1.3l_{lE}(1.3l_l)$　　（绑扎搭接）(5-21)

　　　　　　　顶层范围内长度 ＝ 本层层高 $-500-35d$　　（机械连接）(5-22)

　　　　　　　顶层范围内长度 ＝ 本层层高 $-500-\max(35d,500)$　　（焊接）　　(5-23)

(2) 伸入屋面板内长度

　　　　　　　伸入屋面板内长度 ＝ 屋面板厚 - 保护层厚 $+12d$　　　　(5-24)

4. 变截面处纵筋翻样

剪力墙柱中间层纵筋变截面处构造如图 5-15 所示。剪力墙柱变截面处纵筋构造同框

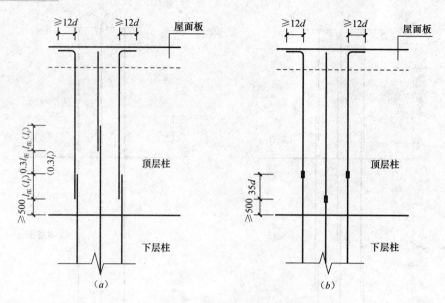

图 5-38　墙柱顶层钢筋构造

(*a*) 绑扎搭接；(*b*) 机械连接

架柱类似，分为非贯通连接构造和向内斜锚贯通连接构造。

当采用非贯通连接时，墙柱纵筋在变截面处截断，下柱纵筋伸入楼面顶面弯折 $12d$，此时，下柱纵筋伸入楼板内长度为：板厚－保护层厚＋弯折长度（$12d$）。上柱纵筋长度从楼板面往下 $1.2l_{aE}(1.2l_a)$ 开始计算起始位置。

5. 箍筋翻样

剪力墙柱箍筋的翻样包括箍筋长度计算和箍筋根数计算。箍筋长度计算方法和梁、柱箍筋算法一致。箍筋根数分为基础插筋箍筋根数，底层、中间层、顶层箍筋根数计算。

（1）基础插筋箍筋根数

$$箍筋根数 ＝（基础高度－基础保护层厚度）/500＋1 \qquad (5\text{-}25)$$

且箍筋根数 $\geqslant 2$ 根。

（2）底层、中间层、顶层箍筋根数

绑扎搭接时：

$$箍筋根数 ＝（搭接范围－50）/加密间距＋（层高－搭接范围）/间距＋1 \quad (5\text{-}26)$$

绑扎搭接时，搭接范围（$2.3l_{lE}(2.3l_l)$）内箍筋应加密，加密间距为 $\min(5d, 100\text{mm})$。

机械连接或焊接时：

$$箍筋根数 ＝（层高－50）/间距＋1 \qquad (5\text{-}27)$$

6. 拉筋翻样

剪力墙柱拉筋翻样包括拉筋长度计算和拉筋根数计算。拉筋长度计算方法和梁、柱中拉筋算法一致；拉筋根数分为基础插筋拉筋根数、底层、中间层、顶层拉筋根数计算。

（1）基础插筋拉筋根数

$$拉筋根数 ＝ \left[\frac{基础高度－基础保护层厚}{500}＋1\right] \times 每排拉筋根数 \qquad (5\text{-}28)$$

（2）底层、中间层、顶层拉筋根数

$$拉筋根数 = \left[\frac{层高-50}{间距}+1\right]\times 每排拉筋根数 \quad (5-29)$$

### 5.4.2　剪力墙墙身钢筋翻样计算

剪力墙墙身的钢筋翻样计算包括竖向分布筋翻样、水平分布筋翻样、拉筋翻样等部分。墙身分布钢筋一般直径较小，根数多，因此，墙身钢筋多以绑扎搭接为主。

1. 竖向分布筋翻样

剪力墙竖向分布筋翻样包括竖向钢筋长度计算和根数计算。

（1）竖向分布筋插筋翻样

剪力墙墙身竖向分布筋插筋长度计算同墙柱，此处省略。

剪力墙墙身竖向分布筋距边缘构件一般不大于 1 个竖向钢筋间距，因此插筋根数可以按下式计算：

$$插筋根数 = \left[\frac{剪力墙身净长-2\times 插筋间距}{插筋间距}+1\right]\times 钢筋网排数 \quad (5-30)$$

（2）中间层竖向分布筋翻样

剪力墙中间层竖向分布筋连接构造如图 5-39 所示。

$$竖向分布筋长度 = 中间层层高 + 1.2l_{aE}(1.2l_a) \quad (5-31)$$

$$竖向分布筋根数 = \left[\frac{剪力墙身净长-2\times 纵筋间距}{纵筋间距}+1\right]\times 钢筋网排数 \quad (5-32)$$

（3）顶层竖向分布筋翻样

剪力墙墙身顶层竖向分布筋构造如图 5-40 所示。

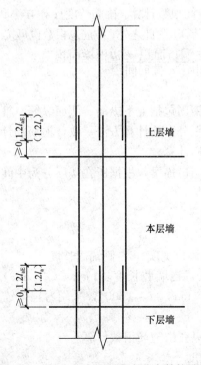

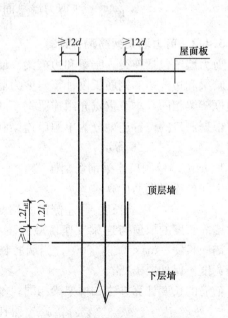

图 5-39　剪力墙中间层竖向分布筋构造　　　图 5-40　剪力墙顶层竖向分布筋构造

$$竖向分布筋长度 = 顶层层高 - 屋面板保护层 + 12d \tag{5-33}$$

$$竖向分布筋根数 = \left[\frac{剪力墙身净长 - 2 \times 纵筋间距}{纵筋间距} + 1\right] \times 钢筋网排数 \tag{5-34}$$

**2. 水平分布筋翻样**

水平分布筋分外侧钢筋和内侧钢筋两种形式，当剪力墙有两排以上钢筋网时，最外一层按外侧钢筋计算，其他均按内侧钢筋计算。

（1）基础内墙身水平分布筋计算

$$外侧水平分布筋长度 = 墙外侧长度 - 墙保护层厚 + 弯折长度 \tag{5-35}$$

$$内侧水平分布筋长度 = 墙外侧长度 - 墙保护层厚 - 外侧钢筋直径 \times 2$$
$$- 25 \times 2 + 弯折长度 \tag{5-36}$$

水平分布筋弯折长度根据边缘构件的不同可以取 $10d$ 或 $15d$，内侧水平筋弯折后位于外侧钢筋内侧，因此计算内侧水平筋长度时，考虑与外侧钢筋净距为 25mm。

$$基础内水平分布筋根数 = \left[\frac{基础高度 - 基础保护层}{500} + 1\right] \times 钢筋网排数 \tag{5-37}$$

（2）中间层、顶层墙身水平分布筋计算

剪力墙中间层、顶层墙身水平分布筋长度计算和水平分布筋在基础内的计算方法一致，当剪力墙有洞口时，将洞口间的墙体分别计算。

水平分布筋的布置位置通常从楼地面起 50mm 的位置开始设置，水平分布筋根数计算如下：

$$水平分布筋根数 = \left[\frac{布筋范围 - 50}{墙身水平筋间距} + 1\right] \times 钢筋网排数 \tag{5-38}$$

**3. 剪力墙墙身拉筋翻样**

剪力墙墙身拉筋翻样包括拉筋长度计算和拉筋根数计算。拉筋长度计算方法和梁、柱中拉筋计算方法一致；拉筋根数可按墙柱拉筋根数计算。除此之外，拉筋总根数也可按下式计算：

$$拉筋根数 = \left[\frac{剪力墙总面积 - 洞口面积 - 边框梁面积}{拉筋间距 \times 拉筋间距}\right] \tag{5-39}$$

**5.4.3  剪力墙梁钢筋翻样计算**

剪力墙梁包括连梁、暗梁和边框梁。墙梁钢筋包括上下纵筋、侧面纵筋、箍筋、拉筋等。暗梁和边框梁的钢筋长度计算与剪力墙水平分布筋计算方法一致，箍筋的计算方法和普通框架梁相同，本节重点介绍连梁钢筋的翻样计算。

根据洞口的位置连梁分为单洞口连梁和双洞口连梁，根据所在楼层分为中间层连梁和顶层连梁，如图 5-26 所示。

**1. 剪力墙单洞口连梁钢筋翻样**

中间层连梁钢筋计算：

$$纵筋长度 = 左侧锚固长度 + 洞口宽度 + 右侧锚固长度 \tag{5-40}$$

锚固长度的取值与连梁支座墙肢长度有关，当墙肢长度 $\geqslant \max(l_{aE}, 600)$，采用直锚，锚固长度 $= \max(l_{aE}, 600)$；当墙肢长度 $< \max(l_{aE}, 600)$，采用弯锚，锚固长度 $=$ 支座宽度 $-$ 保护层 $+15d$。

箍筋的长度计算方法和框架梁相同，本书只介绍箍筋根数计算。

$$箍筋根数 = \frac{洞口宽度 - 2 \times 50}{间距} + 1 \tag{5-41}$$

顶层连梁钢筋计算：

顶层连梁纵筋长度计算和中间层相同。

$$箍筋根数 = \left(\frac{左侧锚固长度-100}{150}+1\right)+\left(\frac{洞口宽度-2\times50}{间距}+1\right)$$

$$+\left(\frac{右侧锚固长度-100}{150}+1\right) \tag{5-42}$$

2. 剪力墙双洞口连梁钢筋翻样

中间层连梁钢筋计算：

$$纵筋长度 = 左侧锚固长度+两洞口宽度+洞口间墙宽度+右侧锚固长度 \tag{5-43}$$

$$箍筋根数 = \left(\frac{洞口\,1\,宽度-2\times50}{间距}+1\right)+\left(\frac{洞口\,2\,宽度-2\times50}{间距}+1\right) \tag{5-44}$$

顶层连梁钢筋计算：

顶层连梁纵筋长度计算和中间层相同。

$$箍筋根数 = \left(\frac{左侧锚固长度-100}{150}+1\right)+\left(\frac{两洞口宽度+洞间墙-2\times50}{间距}+1\right)$$

$$+\left(\frac{右侧锚固长度-100}{150}+1\right) \tag{5-45}$$

3. 剪力墙连梁拉筋翻样

拉筋的长度计算和框架梁相似，本节只介绍拉筋根数计算。

$$拉筋根数 = \left(\frac{连梁净宽-2\times50}{2\times箍筋间距}+1\right)+\left(\frac{连梁高度-2\times保护层}{2\times水平筋间距}+1\right) \tag{5-46}$$

## 本单元小结

本单元根据 11G101—1 图集中有关剪力墙的相关内容，主要介绍了剪力墙平法施工图的制图规则、剪力墙相关构造详图以及剪力墙的钢筋翻样与计算。

通过本单元的学习，能够正确阅读剪力墙平法施工图的内容；掌握剪力墙（墙柱、墙身和墙梁）平法施工图的表示方法；掌握墙柱、墙身和墙梁各部分钢筋的构造要求；掌握墙柱、墙身、墙梁钢筋的翻样计算方法。

## 练习思考题

5-1　剪力墙中的钢筋有哪些？

5-2　剪力墙边缘构件有哪些？其钢筋构造有何特点？

5-3　墙柱、墙身竖向分布钢筋的连接构造有何区别？

5-4　墙厚发生改变时，墙柱和墙身竖向分布筋如何处理？

5-5　剪力墙竖向钢筋至屋面处如何锚固？

5-6　剪力墙墙身水平分布筋在墙柱内如何锚固？

5-7　剪力墙墙身水平分布筋连接时有何要求？

5-8　剪力墙插筋构造要求是什么？

5-9　连梁纵筋在支座如何锚固？

5-10　顶层连梁和中间层连梁箍筋构造的区别是什么？

# 教学单元 6  板平法施工图识读与钢筋翻样

【学习目标】学习板平法施工图的制图规则；掌握板标准构造详图；掌握有梁楼盖楼（屋）面板钢筋的翻样与计算方法。

## 6.1  板构件简介

### 6.1.1  板的分类

根据标高位置，板可分为楼面板和屋面板。

根据平面位置，板可分为普通板和悬挑板。悬挑板为一边支承的板，常见的悬挑板有雨篷板、挑檐板、阳台板。

根据组成形式，板可分为有梁楼盖板（如图 6-1 所示）和无梁楼盖板（如图 6-2 所示）。无梁楼盖是在楼盖中不设梁，将板直接支承在带有柱帽（或无柱帽）的柱上。

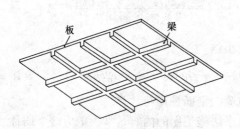

图 6-1  有梁楼盖板

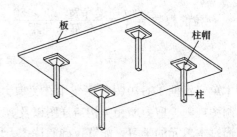

图 6-2  无梁楼盖板

根据受力形式，板可分为单向板和双向板。单向板单向受力，受力筋单向（短向）布置，另一个方向布置分布筋；双向板双向受力，受力筋双向布置。根据规范，两对边支承的板为单向板；当板四边有梁或墙支承时，长边长度 $l_2$ 与短边长度 $l_1$ 之比为 $l_2/l_1$，当 $l_2/l_1 \leqslant 2.0$ 时，应按双向板计算；当 $2.0 < l_2/l_1 < 3.0$ 时，宜按双向板计算；当 $l_2/l_1 \geqslant 3.0$ 时，宜按沿短边方向受力的单向板计算，并应沿长边方向布置构造钢筋。

### 6.1.2  板钢筋的分类与配置

板钢筋类型包括贯通纵筋（板底筋、板顶筋）、非贯通纵筋（支座负筋）、分布筋、其他钢筋（悬挑板角部放射筋、洞口加强筋、温度筋等）。

板配筋的方式分"单层布筋"和"双层布筋"两种。"单层布筋"就是在板的下部布置贯通筋，在板的周边布置上部非贯通筋和分布筋；"双层布筋"就是在板的上部和下部均布置贯通筋。需要说明的是，对单向板来说，板分布筋应放置于受力筋内侧；对双向板来说，板长向钢筋应放置于短向钢筋内侧。

## 6.2　板平法施工图制图规则

板平法表达方式为平面表达方式，就是在楼面板和屋面板布置图上，采用平面注写的表达方式，直接标注板的各项数据。

### 6.2.1　有梁楼盖平法施工图制图规则

1. 有梁楼盖板平法施工图的表示方法

有梁楼盖的制图规则适用于以梁为支座的楼面与屋面板平法施工图设计。有梁楼盖板平法施工图的制图规则是在楼面板和屋面板布置图上，采用平面注写的方式表达板结构设计内容的方法。板平面注写主要包括板块集中标注和板支座原位标注。

为方便设计表达和施工识图，规定结构平面的坐标方向为：

① 当两向轴网正交布置时，图面从左至右为 X 向，从下至上为 Y 向；

② 当轴网转折时，局部坐标方向顺轴网转折角度做相应转折；

③ 当轴网向心布置时，切向为 X 向，径向为 Y 向。

此外，对于平面布置比较复杂的区域，如轴网转折交界区域、向心布置的核心区域等，其平面坐标方向应由设计者另行规定并在图上明确表示。

2. 板块集中标注

板块集中标注的内容为：板块编号、板厚、贯通纵筋，以及当板面标高不同时的标高高差。

（1）板块编号

对于普通楼面，两向均以一跨为一板块；对于密肋楼盖，两向主梁（框架梁）均以一跨为一板块（非主梁密肋不计）。所有板块应逐一编号，相同编号的板块可择其一做集中标注，其他仅注写置于圆圈内的板编号，以及当板面标高不同时的标高高差。需说明的是，同一编号板块的类型、板厚和贯通纵筋均相同，但板面标高、跨度、平面形状及板支座上部非贯通筋可以不同，如同一编号板块的平面形状可为矩形、多边形及其他形状等。

板块编号由"代号"＋"序号"组成，见表 6-1。

板块编号　　　　　　　　　　　　　　　　　表 6-1

| 板类型 | 代　号 | 序　号 |
| --- | --- | --- |
| 楼面板 | LB | ×× |
| 屋面板 | WB | ×× |
| 悬挑板 | XB | ×× |

（2）板厚

板厚为垂直于板面的厚度，用 $h=\mathrm{xxx}$ 表示；当悬挑板的端部改变截面厚度时，用斜线分隔根部与端部的高度值，注写为 $h=\mathrm{xxx/xxx}$。当多数板块的板厚相同时，可在图中统一注明，个别不同板厚则单独注写。

（3）贯通纵筋

贯通纵筋按板块的下部和上部分别注写（当板块上部不设贯通纵筋时则不注），并以 B 代表下部，以 T 代表上部，B&T 代表下部与上部；X 向贯通纵筋以 X 打头，Y 向贯通纵筋以 Y 打头，两向贯通纵筋配置相同时则以 X&Y 打头。

当为单向板时，分布筋可不必注写，而在图中统一注明。

当在某些板内（例如在悬挑板 XB 的下部）配置有构造钢筋时，则 X 向以 Xc，Y 向以 Yc 打头注写。

当 Y 向采用放射配筋时（切向为 X 向，径向为 Y 向），设计者应注明配筋间距的定位尺寸。

当贯通筋采用两种规格钢筋"隔一布一"方式时，表达为Φ xx/yy@xxx，表示直径为 xx 的钢筋的间距为 xxx 的 2 倍，直径 yy 的钢筋的间距为 xxx 的 2 倍。

（4）板面标高高差

板面标高高差是指该板面标高相对于结构层楼面标高的高差，应将其注写在括号内，且有高差则注，无高差不注。

**【例题 6-1】** 有一楼面板块注写为：LB5　　　 h=100

　　　　　　　　　　　　　　　 B：Y⊈10@150

表示 5 号楼面板，板厚 100mm，板下部配置的贯通纵筋 Y 向为⊈10@110，X 向布置的分布筋由图纸中统一注明；板上部未配置贯通钢筋。

**【例题 6-2】** 有一楼面板块注写为：LB5　　　 h=110

　　　　　　　　　　　　　　　 B：X⊈12@120；Y⊈10@110

表示 5 号楼面板，板厚 110mm，单层双向布筋，板下部配置的贯通纵筋 X 向为⊈12@120，Y 向为⊈10@110；板上部未配置贯通钢筋。

**【例题 6-3】** 有一楼面板块注写为：LB5　　　 h=110

　　　　　　　　　　　　　　　 B：X⊈10/12@100；Y⊈10@110

表示 5 号楼面板，板厚 110mm，单层双向布筋，板下部配置的贯通纵筋 X 向为⊈10、⊈12 隔一布一，⊈10 与⊈12 之间的间距为 100mm；Y 向为⊈10@110；板上部未配置贯通钢筋。

**【例题 6-4】** 有一楼面板块注写为：LB5　　　 h=110

　　　　　　　　　　　　　　　 B：X⊈12@120；Y⊈10@110

　　　　　　　　　　　　　　　 T：X&Y⊈10@150

表示 5 号楼面板，板厚 110mm，双层双向布筋，板下部配置的贯通纵筋 X 向为⊈12@120，Y 向为⊈10@110；板上部配置的贯通纵筋 X 向和 Y 向均为⊈10@150。

**【例题 6-5】** 有一悬挑板注写为：XB2　　　 h=150/100

　　　　　　　　　　　　　　　 B：Xc&Yc⊈8@200

表示 2 号悬挑板，板根部厚 150mm，端部厚 100mm，板下部配置构造钢筋 X 向和 Y 向均为⊈8@200（板上部受力筋见板支座原位标注）。

3. 板支座原位标注

板支座原位标注的内容为：板支座上部非贯通纵筋和悬挑板上部受力钢筋。

（1）板支座原位标注的表达方式

板支座原位标注的钢筋应在配置相同跨的第一跨表达（当在梁悬挑部位单独配置时则在原位表达）。采用垂直于板支座（梁或墙）的一段适宜长度的中粗实线代表支座上部非贯通纵筋（当该筋通长设置在悬挑板或短跨板上部时，实线段应画至对边或贯通短跨）。

在线段上方注写钢筋编号、配筋值、横向连续布置的跨数（注写在括号内，且当为一跨时可不注），以及是否横向布置到梁的悬挑端；在线段下方注写自支座中线向跨内的延伸长度，如图 6-3 所示。

（2）板支座原位标注的几种类型

① 非贯通筋单侧伸出

当端支座上部非贯通纵筋向跨内伸出时，在线段下方标注从梁中线向跨内的伸出长度，如图 6-4 所示。

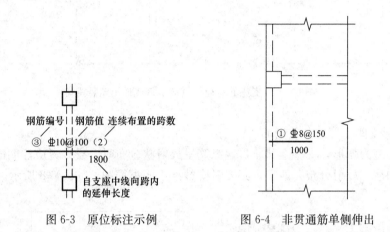

图 6-3  原位标注示例          图 6-4  非贯通筋单侧伸出

② 非贯通筋双侧对称伸出

当中间支座上部非贯通纵筋向支座两侧对称伸出时，可仅在支座一侧线段下方标注伸出长度，另一侧不注，如图 6-5 所示。

③ 非贯通筋双侧非对称伸出

当向支座两侧非对称伸出时，应分别在支座两侧线段下方注写伸出长度，如图 6-6 所示。

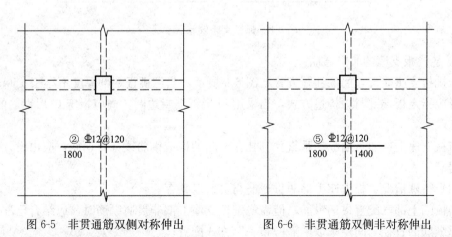

图 6-5  非贯通筋双侧对称伸出          图 6-6  非贯通筋双侧非对称伸出

④ 非贯通筋贯通短跨或伸出至悬挑端

对贯通短跨全跨或贯通全悬挑长度的上部通长纵筋，贯通全跨或伸出至全悬挑一侧的长度值不注，只注明非贯通筋另一侧的伸出长度值，如图 6-7 所示。

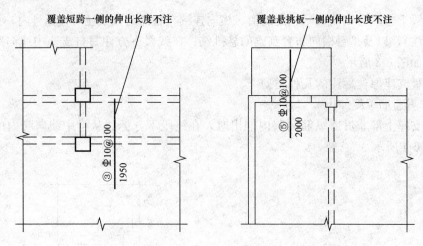

图 6-7　板支座非贯通筋贯通全跨或伸出至悬挑端

⑤ 弧形支座上部的非贯通筋

当板支座为弧形，支座上部非贯通纵筋呈放射状分布时，设计者应注明配筋间距的度量位置并加注"放射分布"四字，必要时应补绘平面配筋图，如图 6-8 所示。

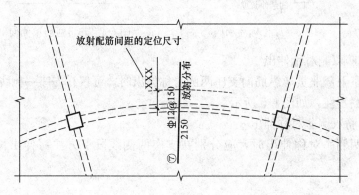

图 6-8　弧形支座处放射配筋

⑥ 悬挑板支座的非贯通筋

悬挑板支座非贯通筋的注写方式如图 6-9 所示。当悬挑板端部厚度不小于 150mm 时，设计者应指定板端部封边构造方式，当采用 U 形钢筋封边时，尚应指定 U 形钢筋的规格、直径。

与板支座上部非贯通纵筋垂直且绑扎在一起的构造钢筋或分布钢筋，应由设计者在图中注明。

（3）特殊情况：板支座上部非贯通筋与贯通筋并存

当板的上部已配置贯通纵筋，但需增配板支座上部非贯通纵筋时，应结合已配置的同向贯通纵筋的直径与间距采取"隔一布一"方式配置。

"隔一布一"方式为非贯通纵筋的标注间距与贯通纵筋相同，两者组合后的实际间距为各自标注间距的 1/2，如图 6-10 所示。当设定贯通纵筋为纵筋总截面面积的 50％ 时，两种钢筋应取相同直径；当设定贯通纵筋大于或小于总截面面积的 50％ 时，两种钢筋则

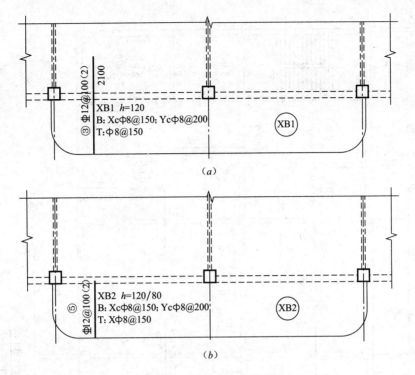

图 6-9　悬挑板支座非贯通筋

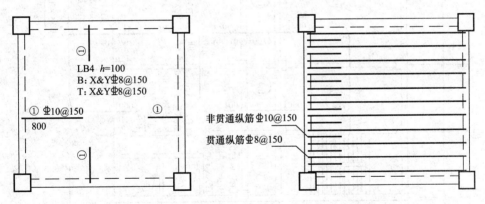

图 6-10　板支座非贯通筋"隔一布一"示意图

取不同直径。

　　施工应注意：当支座一侧设置了上部贯通纵筋（在板集中标注中以 T 打头），而在支座另一侧仅设置了上部非贯通纵筋时，如果支座两侧设置的纵筋直径、间距相同，应将二者连通，避免各自在支座上部分别锚固。

　　4. 有梁楼盖平法施工图示例

　　【例题 6-6】　解读图 6-11 中有梁楼盖板表达的内容。

　　按板块进行分解，各板块的信息如表 6-2 所示。

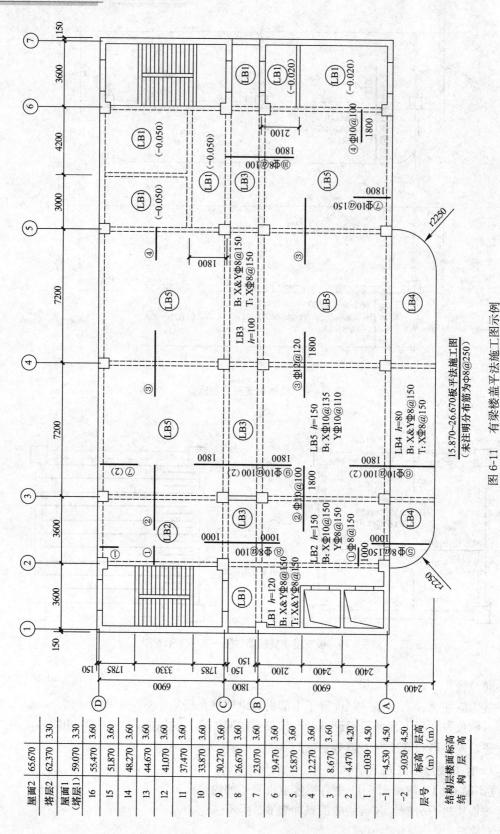

图 6-11　有梁楼盖平法施工图示例

**各楼板配筋信息表**　　　　　　　　　　　　　　　　　　　　　　表 6-2

| 楼板编号 | 集中标注 | | | 原位标注<br>上部非贯通筋（支座负筋） |
|---|---|---|---|---|
| | 基本几何信息 | 下部贯通筋 | 上部贯通筋 | |
| LB1 | 板厚 $h＝120mm$，其中，5-6 轴/C-D 轴范围的 LB1 楼板下沉 0.050m，6-7 轴/A-B 轴范围的 LB1 楼板下沉 0.020m | 双层双向$\Phi$8@150 | — | |
| LB2 | 板厚 $h＝150mm$ | X$\Phi$10@150<br>Y$\Phi$8@150 | — | ① 筋：$\Phi$8@150，伸入跨内 1000mm（在 A-B 轴范围，考虑到相邻 LB1 布置有相同直径、间距的 X 向上部贯通筋，施工时将两者连通，避免在支座锚固）；<br>② 筋：$\Phi$10@100，伸入跨内 1800mm；<br>⑤ 筋：$\Phi$8@150，伸入跨内 1000mm；<br>⑧ 筋：$\Phi$8@100，伸入跨内 1000mm |
| LB3 | 板厚 $h＝100mm$ | X&Y$\Phi$8@150 | X$\Phi$8@150 | 2-3 轴范围为⑧筋：$\Phi$8@100，贯通 BC 跨，伸入两侧各 1000mm；<br>3-5 轴范围为⑨筋：$\Phi$10@100，贯通 BC 跨，伸入两侧各 1800mm；<br>5-6 轴范围为⑩筋：$\Phi$10@100，贯通 BC 跨，伸入 AB 跨 1800mm，另一侧与 LB1 有高差不能伸入 |
| LB4 | 板厚 $h＝80mm$ | X&Y$\Phi$8@150 | X$\Phi$8@150 | 2-3 轴范围为⑤筋：$\Phi$8@150，延伸至悬挑端，并伸入 AB 跨 1000mm；<br>3-5 轴范围为⑥筋：$\Phi$10@100，延伸至悬挑端，并伸入 AB 跨 1800mm |
| LB5 | 板厚 $h＝150mm$ | X$\Phi$10@135<br>Y$\Phi$10@100 | — | ②筋：$\Phi$10@100，伸入跨内 1800mm；<br>③筋：$\Phi$12@120，伸入跨内 1800mm；<br>⑥筋：$\Phi$10@100，伸入跨内 1800mm；<br>⑦筋：$\Phi$10@150，伸入跨内 1800mm；<br>⑨筋：$\Phi$10@100，伸入跨内 1800mm |

注：1. 未注明分布筋为$\Phi$8@250。

　　2. 未注明尺寸单位的均为 mm。

### 6.2.2 无梁楼盖平法施工图制图规则

1. 无梁楼盖板平法施工图的表示方法

无梁楼盖平法施工图的制图规划是在楼面板和屋面板布置图上，采用平面注写方式表达无梁楼盖结构设计内容的方法，如图 6-12 所示。板平面注写主要包括板带集中标注、板带支座原位标注两部分内容。

无梁楼盖的集中标注和原位标注都是针对板带进行的，无梁楼盖的板带分为柱上板带和跨中板带两种，如图 6-13 所示。通过柱的板带称为柱上板带，相邻两条柱上板带之间的板带则称为跨中板带。根据不同的方向划分，柱上板带又划分为 X 向柱上板带和 Y 向柱上板带，跨中板带划分为 X 向跨中板带和 Y 向跨中板带。

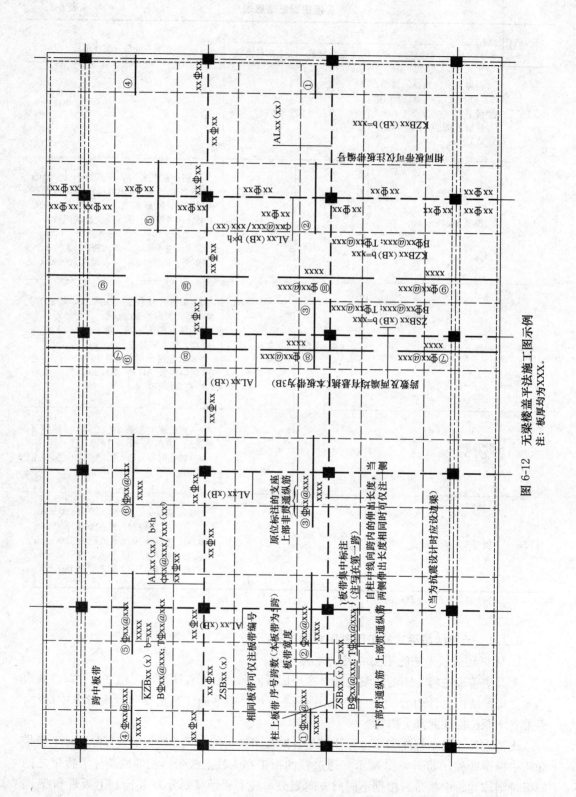

图 6-12 无梁楼盖平法施工图示例

注：板厚均为XXX。

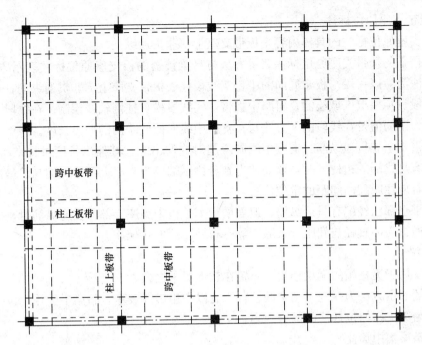

图 6-13 无梁楼盖板带示意图

**2. 板带集中标注**

板带集中标注应在板带贯通纵筋配置相同跨的第一跨（X 向为左端跨，Y 向为下端跨）注写。其他相同编号的板带仅注写板带编号即可。

板带集中标注的具体内容为：板带编号、板带厚、板带宽及贯通纵筋。

（1）板带编号

板带编号由代号、序号、跨数及有无悬挑组成，见表 6-3。

板块编号 表 6-3

| 板带类型 | 代　号 | 序　号 | 跨数及有无悬挑 |
| --- | --- | --- | --- |
| 柱上板带 | ZSB | ×× | (××)、(××A) 或 (××B) |
| 跨中板带 | KZB | ×× | (××)、(××A) 或 (××B) |

注：1. 跨数按柱网轴线计算（两相邻柱轴线之间为一跨）；
　　2. (××A) 为一端有悬挑，(××B) 为两端有悬挑，悬挑不计入跨数。

（2）板带厚

板带厚用 $h=$ xxx 表示，板带宽用 $b=$ xxx 表示。当板带厚和板带宽已在图纸中注明时，此项可不注。

（3）贯通纵筋

贯通纵筋按板块的下部和上部分别注写，并以 B 代表下部，以 T 代表上部，B&T 代表下部与上部。需要注意的是，每条板带只标注该板带方向的纵向钢筋，另一向的钢筋由垂直的板带来标注。

此外，当局部区域的板面标高与整体不同时，应在无梁楼盖的板平法施工图上注明板面标高高差及分布范围。

3. 板带支座原位标注

板带支座原位标注的具体内容是板带支座上部非贯通纵筋。

无梁楼盖的板带支座原位标注表示方法与有梁楼盖的板支座原位标注表示方法一致。其表示方法为：以一段与板带同向的中粗实线段代表板带支座上部非贯通纵筋；对柱上板带，实线段贯穿柱上区域绘制；对跨中板带，实线段横贯柱网轴线绘制。在线段上方注写钢筋编号、配筋值及在线段的下方注写自支座中线向两侧跨内的伸出长度。

当板带支座非贯通纵筋自支座中线向两侧对称伸出时，其伸出长度可仅在一侧标注；当配置在有悬挑端的边柱上时，该筋伸出到悬挑尽端。当支座上部非贯通纵筋呈放射分布时，设计者应注明配筋间距的定位位置。

当板带上部已经配有贯通纵筋，但需增加配置板带支座上部非贯通纵筋时，应结合已配同向贯通纵筋的直径与间距，采取"隔一布一"的方式配筋。

4. 暗梁

暗梁仅用于无柱帽的无梁楼盖，布置在柱上板带之内。

暗梁的表示方法为在施工图中的柱轴线处以中粗虚线表示。暗梁平面注写包括暗梁集中标注、暗梁支座原位标注两部分内容。

（1）暗梁集中标注

暗梁集中标注包括暗梁编号、暗梁截面尺寸（箍筋外皮宽度×板厚）、暗梁箍筋、暗梁上部通长筋或架立筋四部分内容。暗梁编号由代号、序号、跨数及有无悬挑组成，其代号为 AL，其余均与板带的规定相同。

（2）暗梁支座原位标注

暗梁支座原位标注包括梁支座上部纵筋、梁下部纵筋。当在暗梁上集中标注的内容不适用于某跨或某悬挑端时，则将其不同数值标注在该跨或该悬挑端，施工时按原位注写取值。

当设置暗梁时，柱上板带标注的配筋仅设置在暗梁之外的柱上板带范围内。

### 6.2.3 楼板相关构造制图规则

1. 楼板相关构造类型与表示方法

楼板相关构造的平法施工图制图规则是在板平法施工图上采用直接引注方式表达。楼板相关构造编号及说明见表 6-4。

楼板相关构造类型与编号 表 6-4

| 构造类型 | 代号 | 序号 | 说　明 |
|---|---|---|---|
| 纵筋加强带 | JQD | ×× | 以单向加强纵筋取代原位置配筋 |
| 后浇带 | HJD | ×× | 有不同的留筋方式 |
| 柱帽 | ZMx | ×× | 适用于无梁楼盖 |
| 局部升降板 | SJB | ×× | 板厚及配筋与所在板相同；构造升降高度≤300mm |
| 板加腋 | JY | ×× | 腋高与腋宽可选 |
| 板开洞 | BD | ×× | 最大边长或直径<1m；加强筋长度有全跨贯通和自洞边锚固两种 |
| 板翻边 | FB | ×× | 翻边高度≤300mm |
| 角部加强筋 | Crs | ×× | 以上部双向非贯通加强钢筋取代原位置的非贯通配筋 |
| 悬挑板阳角放射筋 | Ces | ×× | 板悬挑阳角上部放射筋 |
| 抗冲切箍筋 | Rh | ×× | 通常用于无柱帽无梁楼盖的柱顶 |
| 抗冲切弯起筋 | Rb | ×× | 通常用于无柱帽无梁楼盖的柱顶 |

**2. 楼板相关构造直接引注**

楼板相关构造直接引注的主要内容有：纵筋加强带、后浇带、柱帽、局部升降板、板加腋、板开洞、板翻边、板挑檐、角部加强筋、抗冲切箍筋和抗冲切弯起筋等。

（1）纵筋加强带 JQD 的引注

纵筋加强带的平面形状及定位由平面布置图表达，加强带内配置的加强贯通纵筋等由引注内容表达。

纵筋加强带设单向加强贯通纵筋，取代其所在位置板中原配置的同向贯通纵筋。根据受力需要，加强贯通纵筋可在板下部配置，也可在板下部和上部均设置。纵筋加强带的引注如图 6-14 所示。

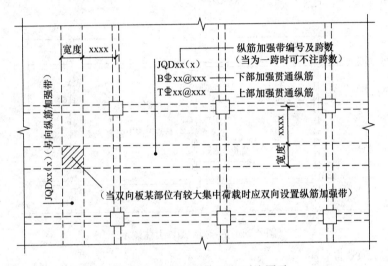

图 6-14  纵筋加强带 JQD 引注图示

纵筋加强带也可以设置为暗梁形式，此时纵筋加强带应注写箍筋，其引注如图 6-15 所示。

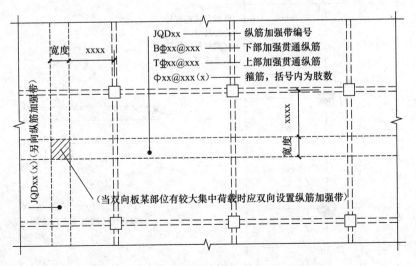

图 6-15  纵筋加强带 JQD 引注图示（暗梁形式）

（2）后浇带 HJD 的引注

后浇带的平面形状及定位由平面布置图表达，后浇带留筋方式等由引注内容表达。

① 后浇带编号及留筋方式代号。后浇带有两种留筋方式，分别是贯通留筋（代号GT），100％搭接留筋（代号100％）。贯通留筋的后浇带宽度通常取大于或等于 800mm；100％搭接留筋的后浇带宽度通常取 800mm 与 （$l_1$＋60mm） 的较大值（$l_1$ 为受拉钢筋的搭接长度）。

② 后浇混凝土的强度等级 Cxx。

③ 当后浇带区域留筋方式或后浇混凝土强度等级不一致时，设计者应在图中注明与图示不一致的部位及做法。

后浇带引注如图 6-16 所示。

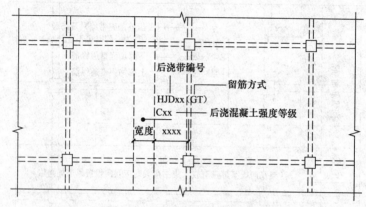

图 6-16　后浇带 HJD 引注图示

（3）柱帽 ZMx 的引注

柱帽的平面形状有矩形、圆形或多边形等，其平面形状由平面布置图表达。

柱帽的立面形状有单倾角柱帽 ZMa、托板柱帽 ZMb、变倾角柱帽 ZMc 和倾角托板柱帽 ZMab 等，其立面几何尺寸和配筋由具体的引注内容表达，如图 6-17～图 6-20 所示。

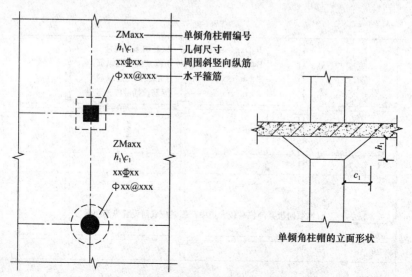

图 6-17　单倾角柱帽 ZMa 引注图示

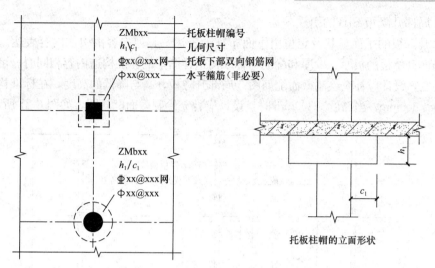

图 6-18　托板柱帽 ZMb 引注图示

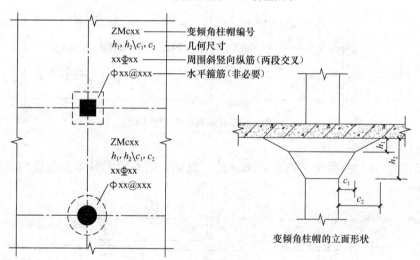

图 6-19　变倾角柱帽 ZMc 引注图示

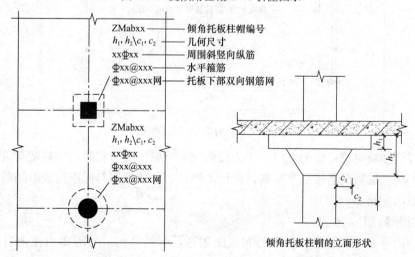

图 6-20　倾角托板柱帽 ZMab 引注图示

（4）局部升降板 SJB 的引注

局部升降板的平面形状及定位由平面布置图表达，其他内容由引注内容表达。

当局部升降板的板厚、壁厚和配筋与标准构造详图中的标准构造内容相同时，可以不用注明，反之，设计应补充绘制截面配筋图。局部升降板升高与降低的高度，在标准构造详图中限定为≤300mm，当高度>300mm 时，设计应补充绘制截面配筋图，如图 6-21 所示。

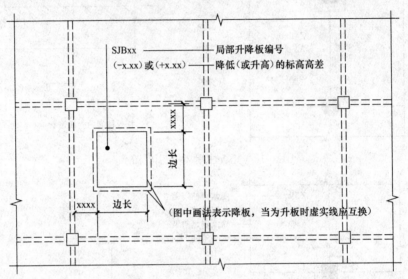

图 6-21　局部升降板 SJB 引注图示

（5）板加腋 JY 的引注

板加腋的位置与范围由平面布置图表达，腋宽、腋高及配筋等由引注内容表达，如图 6-22 所示。

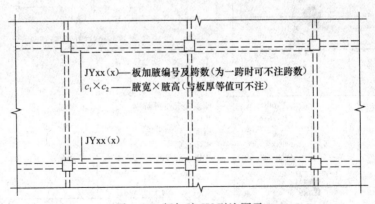

图 6-22　板加腋 JY 引注图示

当为板底加腋时腋线应为虚线，当为板面加腋时腋线应为实线；当腋宽与腋高同板厚时，设计不注。加腋配筋按标准构造，设计不注；当加腋配筋与标准构造不同时，设计应补充绘制截面配筋图。

（6）板开洞 BD 的引注

板开洞的平面形状及定位由平面布置图表达，洞的几何尺寸等由引注内容表达，如图 6-23 所示。

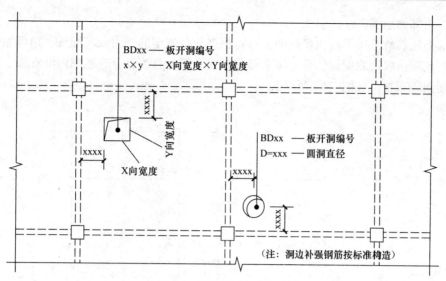

图 6-23　板开洞 BD 引注图示

当矩形洞口边长或圆形洞口直径≤1000mm，且当洞边无集中荷载作用时，洞边补强钢筋可按标准构造的规定设置，设计不注；当洞口周边加强钢筋不伸至支座时，应在图中画出所有加强钢筋，并标注不伸至支座的钢筋长度。当具体工程所需要的补强钢筋与标准构造不同时，设计应加以注明。

当矩形洞口边长或圆形洞口直径＞1000mm，或虽≤1000mm 但洞边有集中荷载作用时，设计应根据具体情况采取相应的处理措施。

（7）板翻边 FB 的引注

板翻边可为上翻也可为下翻，翻边尺寸在引注内容中表达，翻边高度在标准构造详图中≤300mm。当翻边高度＞300mm 时，由设计者自行处理，如图 6-24 所示。

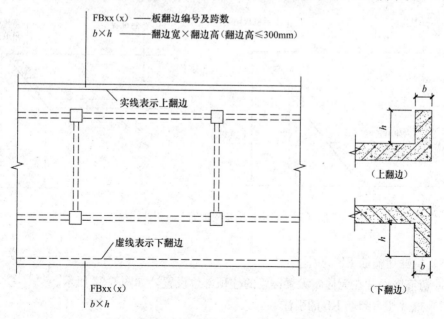

图 6-24　板翻边 FB 引注图示

（8）角部加强筋 Crs 的引注

角部加强筋通常用于板块角区的上部，根据规范规定的受力要求配置。角部加强筋将在其分布范围内取代原配置的板支座上部非贯通纵筋，且当其分布范围内配有板上部贯通纵筋时则间隔布置，如图 6-25 所示。

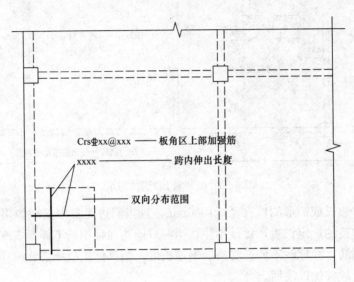

图 6-25　角部加强筋 Crs 引注图示

（9）悬挑板阳角附加筋 Ces 的引注

悬挑板阳角附加筋有延伸悬挑板和纯悬挑板两种阳角附加筋的引注方式，如图 6-26 所示。

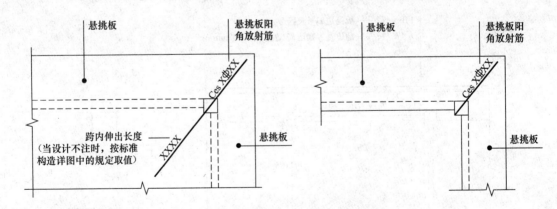

图 6-26　悬挑板阳角附加筋 Ces 引注图示

（10）抗冲切箍筋 Rh 的引注

抗冲切箍筋通常在无柱帽无梁楼盖的柱顶部位设置，如图 6-27 所示。

（11）抗冲切弯起筋 Rb 的引注

抗冲切弯起筋通常在无柱帽无梁楼盖的柱顶部位设置，如图 6-28 所示。

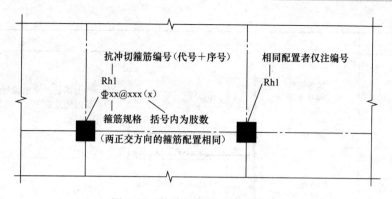

图 6-27　抗冲切箍筋 Rh 引注图示

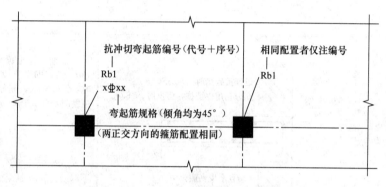

图 6-28　抗冲切弯起筋 Rb 引注图示

# 6.3　板标准构造详图

### 6.3.1　有梁楼盖楼（屋）面板配筋构造

1. 楼板端部支座构造

有梁楼盖楼（屋）面在端部的支承可分为支座为梁、剪力墙、砌体墙的圈梁和砌体墙四种情况。具体的端部构造要求见表 6-5。

板筋端部构造　　　　　　　　　　　　　　　　　　　　　表 6-5

| 支座类型 | 标准构造详图 | 构造要点 |
| --- | --- | --- |
| 端部支座为梁 | 设计按铰接时：≥0.35$l_{ab}$<br>充分利用钢筋抗拉强度时：≥0.6$l_{ab}$<br>外侧梁角筋<br>15$d$<br>≥5$d$且至少到梁中线（$l_a$）<br>在梁角筋内侧弯钩 | 上部筋：伸至梁角筋内侧弯折15$d$；弯锚的平直段：设计按铰接时≥0.35$l_{ab}$，充分利用钢筋抗拉强度时≥0.6$l_{ab}$<br><br>下部筋：≥5$d$ 且至少到支座中线 |

续表

| 支座类型 | 标准构造详图 | 构造要点 |
|---|---|---|
| 端部支座为剪力墙 | 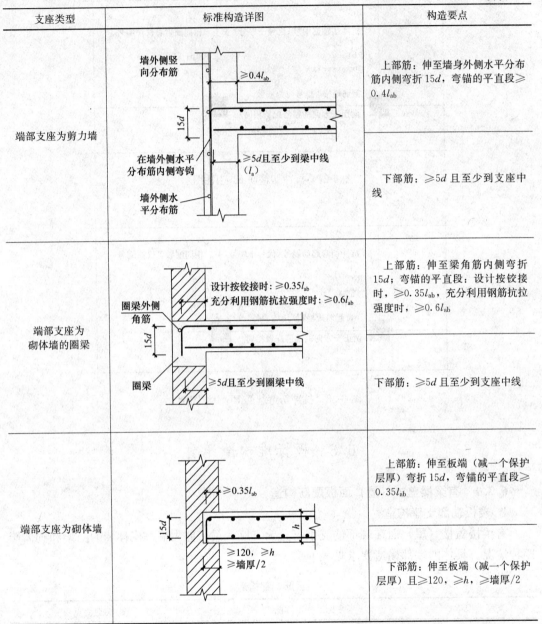 | 上部筋：伸至墙身外侧水平分布筋内侧弯折15d，弯锚的平直段≥0.4$l_{ab}$<br><br>下部筋：≥5d且至少到支座中线 |
| 端部支座为砌体墙的圈梁 | | 上部筋：伸至梁角筋内侧弯折15d；弯锚的平直段：设计按铰接时，≥0.35$l_{ab}$，充分利用钢筋抗拉强度时，≥0.6$l_{ab}$<br><br>下部筋：≥5d且至少到支座中线 |
| 端部支座为砌体墙 | | 上部筋：伸至板端（减一个保护层厚）弯折15d，弯锚的平直段≥0.35$l_{ab}$<br><br>下部筋：伸至板端（减一个保护层厚）且≥120，≥h，≥墙厚/2 |

注：1. 纵筋在端支座应伸至支座（梁、圈梁或剪力墙）外侧纵筋内侧后弯折，当直段长度≥$l_a$时可不弯折；

2. 图中"设计按铰接时"、"充分利用钢筋的抗拉强度时"由设计指定；

3. 括号内的锚固长度$l_a$用于梁板式转换层的板。

## 2. 楼板中部支座构造

### (1) 中间支座钢筋构造

板的中间支座均按梁绘制，当支座为混凝土剪力墙、砌体墙或圈梁时，其构造相同。板上部钢筋通常有贯通钢筋或者非贯通筋（支座负筋）加分布筋，下部钢筋为贯通钢筋，具体构造要求见表6-6。

**板中间支座钢筋构造**　　　　　　　　　　　　　　　　　　　表 6-6

| 位置 | 钢筋类型 | 构造要点 | 示意图 |
|---|---|---|---|
| 上部 | 非贯通筋（支座负筋） | 向跨内伸出长度按图纸标注，负筋弯折长度＝板厚－2×保护层厚度 | |
| | 分布筋 | 分布筋的直径、间距按图纸说明。负筋拐角处必须布置一根分布筋，梁（墙）宽度范围内不设分布筋 | |
| | 与支座垂直的上部贯通筋 | 贯通中间支座，连接区详见图 6-29、图 6-30 | |
| | 与支座同向的上部贯通筋 | 第一根钢筋在距梁边 1/2 板筋间距处开始布置 | |
| 下部 | 与支座垂直的下部贯通筋 | ≥5$d$ 且至少到支座中线 | |
| | 与支座同向的下部贯通筋 | 第一根钢筋在距梁边 1/2 板筋间距处开始布置 | |

（2）板贯通纵筋连接构造

板纵筋接头位置，下部钢筋宜在距支座 1/4 净跨内连接；当相邻等跨或不等跨的上部贯通纵筋配置不同时，应将配筋较大者伸出至相邻跨的跨中连接区域连接，连接区应根据楼板等跨或不等跨分两种情况处理。

① 等跨板：上部贯通纵筋在跨中 1/2 净跨范围内连接，如图 6-29 所示。

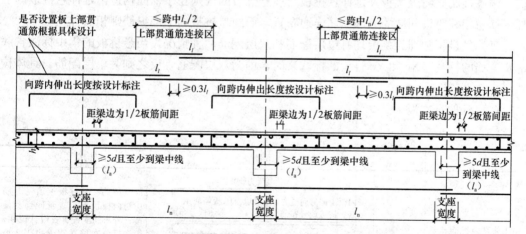

图 6-29　有梁楼盖楼面板 LB 和屋面板 WB 钢筋构造

注：括号内的锚固长度 $l_a$ 用于梁板式转换层的板。

② 不等跨板：配筋较大者伸出至配筋较小跨的跨中 1/3 净跨范围内连接，如图 6-30 所示。

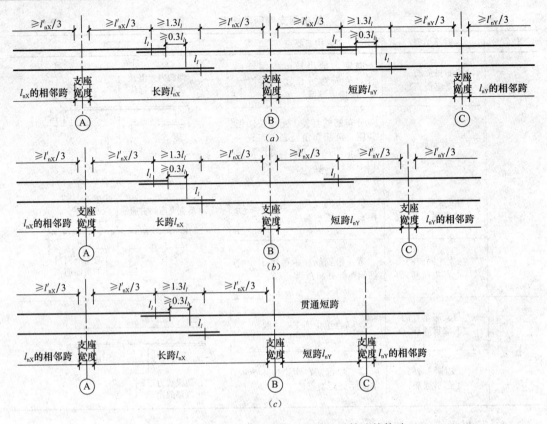

图 6-30　有梁楼盖不等跨板上部贯通纵筋连接构造

注：当钢筋足够长时能通则通。

### 3. 悬挑板钢筋构造

悬挑板可分为延伸悬挑板和纯悬挑板，工程中常见的挑檐板、阳台板属于延伸悬挑板，雨篷板属于纯悬挑板。延伸悬挑板与纯悬挑板的区别在于锚固构造，延伸悬挑板的上部纵筋与相邻跨板同向的上部纵筋连通布置，而纯悬挑板的上部纵筋则相对独立。

延伸悬挑板和纯悬挑板均有单层配筋和双层配筋两种情况。当悬挑板的集中标注含底部贯通筋的标注（Xc 和 Yc 打头的标注）时，即为双层配筋，反之则为单层配筋。具体构造见表 6-7、表 6-8。

（1）延伸悬挑板

**延伸悬挑板钢筋构造**　　　　　　　　　　　　　　　　表 6-7

| 类　型 | | 标准构造详图 | 构造要点 |
| --- | --- | --- | --- |
| 相邻跨内板面与悬挑板板面同一标高 | 双层布筋 | （上、下部均配筋） | 上部筋：悬挑板板顶受力筋由跨内板顶筋一直延伸到悬挑端；分布筋配置可查设计说明，第一根分布筋在距梁边 1/2 板筋间距处开始布置。<br><br>下部筋：≥12d 且至少到支座中线 |

128

| 类　型 | | 标准构造详图 | 构造要点 |
|---|---|---|---|
| 相邻跨内板面与悬挑板板面同一标高 | 单层布筋 | 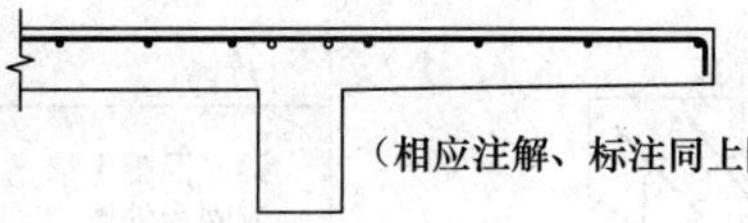 （相应注解、标注同上图）<br>（仅上部配筋） | 上部筋构造要求同上 |
| 相邻跨内板面与悬挑板板面不同标高 | 双层布筋 | 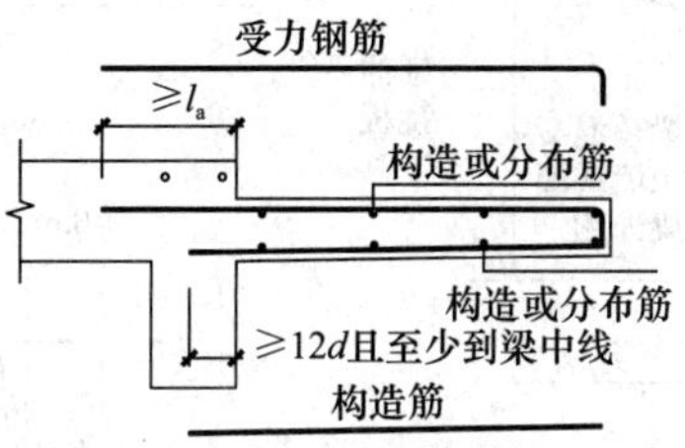 受力钢筋<br>$\geqslant l_a$<br>构造或分布筋<br>构造或分布筋<br>$\geqslant 12d$且至少到梁中线<br>构造筋<br>（上、下部均配筋） | 上部筋：悬挑板的上部受力筋插入梁上部纵筋下面，直锚入相邻跨板内，锚固长度$\geqslant l_a$。<br>下部筋：$\geqslant 12d$且至少到支座中线 |
| | 单层布筋 | 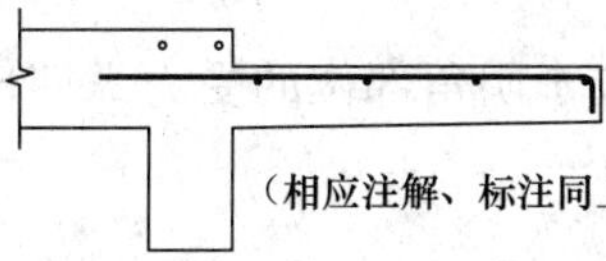 （相应注解、标注同上图）<br>（仅上部配筋） | 上部筋构造要求同上 |

（2）纯悬挑板

**纯悬挑板钢筋构造**　　　　　　　　　　　　表 6-8

| | 标准构造详图 | 构造要点 |
|---|---|---|
| 双层布筋 | 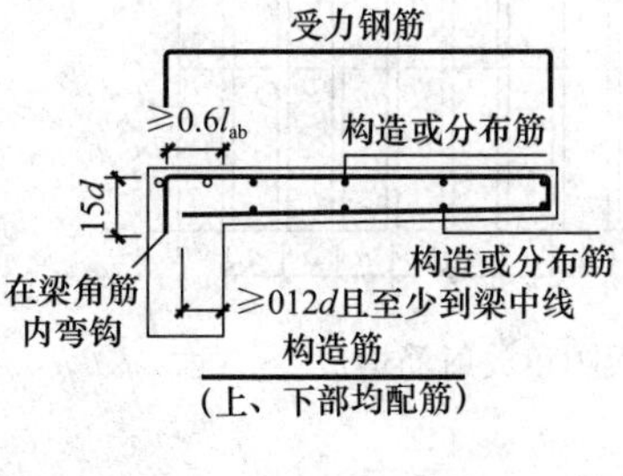 受力钢筋<br>$\geqslant 0.6l_{ab}$<br>$15d$<br>构造或分布筋<br>构造或分布筋<br>在梁角筋内弯钩<br>$\geqslant 012d$至少到梁中线<br>构造筋<br>（上、下部均配筋） | 上部筋：伸至梁角筋内侧弯折 $15d$，弯锚的平直段$\geqslant 0.6l_{ab}$；分布筋配置可查设计说明。<br>下部筋：$\geqslant 12d$且至少到支座中线 |
| 单层布筋 | 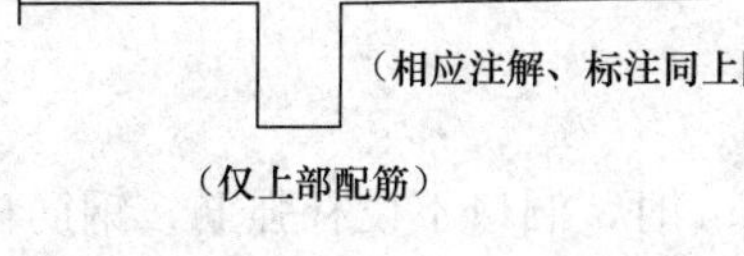 （相应注解、标注同上图）<br>（仅上部配筋） | 上部筋构造要求同上 |

（3）悬挑板阳角放射筋构造

悬挑板阳角放射筋有延伸悬挑板和纯悬挑板两种构造，如图 6-31 所示。

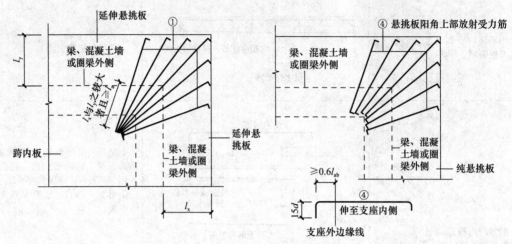

图 6-31 悬挑板阳角放射筋构造

（4）悬挑板阴角钢筋构造

悬挑板阴角钢筋构造特点是位于阴角部位的受力纵筋比其他纵筋从板边多伸出 $l_a$ 的长度，如图 6-32 所示。

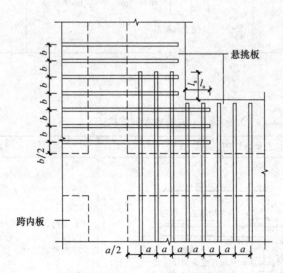

图 6-32 悬挑板阴角放射筋构造

4. 其他钢筋构造

（1）板翻边

板翻边分为上翻和下翻两种情况。根据 11G101 图集，板翻边的高度≤300mm，具体构造如图 6-33 所示。

（2）板开洞

当矩形洞边长和圆形洞直径不大于 300mm 时，洞口不设补强筋，钢筋构造如图 6-34 所示。

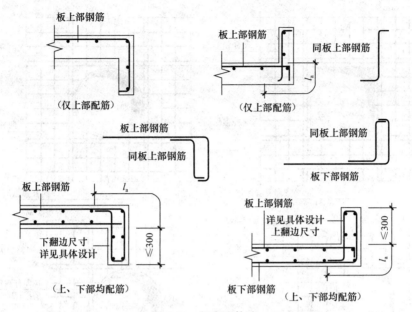

图 6-33　板翻边构造

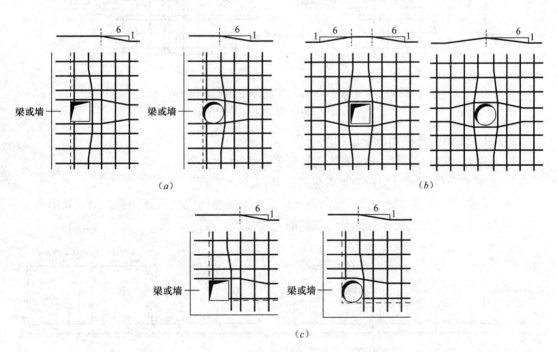

图 6-34　板开洞（边长和直径≤300mm）构造

(a) 梁边或墙边开洞；(b) 板中开洞；(c) 梁交角或墙角开洞

当矩形洞边长和圆形洞直径大于 300mm 但不大于 1000mm 时，洞边增设补强筋。按设计注写的规格、数量与长度值进行补强，当设计未注写时，X 向、Y 向分别按每边配置两根直径不小于 12mm 且不小于同钢筋构造向被切断纵向钢筋总面积的 50％补强。钢筋构造如图 6-35 所示。

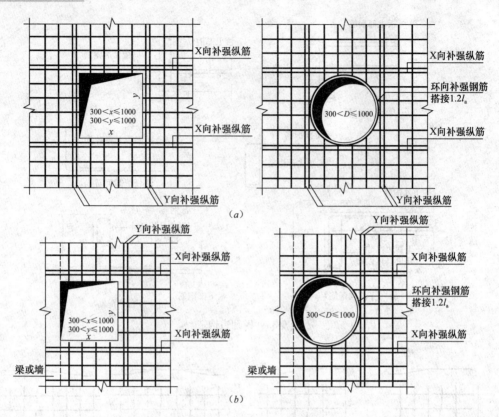

图 6-35　板开洞（300mm＜边长和直径≤1000mm）构造

（a）板中开洞；（b）梁边或墙边开洞

### 6.3.2　无梁楼盖楼面板配筋构造

以下反对无梁楼盖楼面板配筋构造做简单介绍。

1. 无梁楼盖柱上板带与跨中板带纵向钢筋构造

无梁楼盖柱上板带和跨中板带纵向钢筋构造与有梁板的纵向钢筋构造类似，如图 6-36、图 6-37 所示，本图构造同样适用于无柱帽的无梁楼盖。

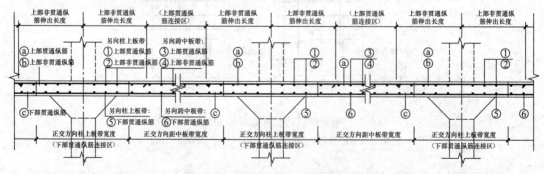

图 6-36　柱上板带纵向钢筋构造

2. 板带端支座纵向钢筋构造、板带悬挑端纵向钢筋构造及柱上板带暗梁钢筋构造

（1）板带端支座纵向钢筋构造

本图构造同样适用于无柱帽的无梁楼盖，且仅用于中间楼层，如图 6-38 所示。屋面

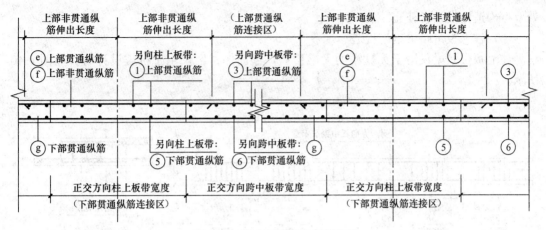

图 6-37　跨中板带纵向钢筋构造

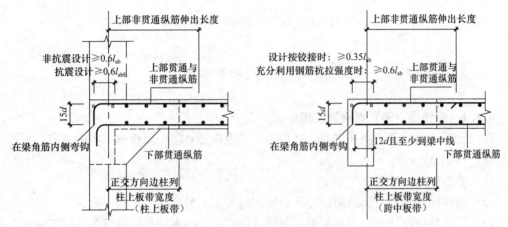

图 6-38　板带端支座纵向钢筋构造

处节点构造由设计者补充。

（2）板带悬挑端纵向钢筋构造

本图构造同样适用于无柱帽的无梁楼盖，且仅用于中间楼层，如图 6-39 所示。屋面

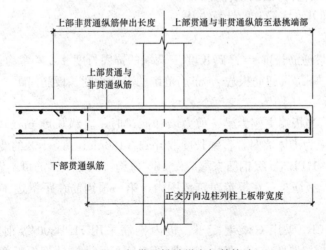

图 6-39　板带悬挑端纵向钢筋构造

处节点构造由设计者补充。

（3）柱上板带暗梁钢筋构造

柱上板带暗梁仅用于无柱帽的无梁楼盖，箍筋加密区仅用于抗震设计时，如图6-40所示。

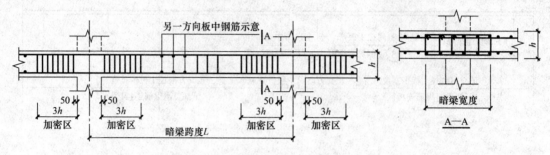

图6-40　柱上板带暗梁钢筋构造

# 6.4　板钢筋翻样与计算

### 6.4.1　现浇楼（屋）面板施工图识读

在进行现浇板的钢筋翻样之前，需正确阅读现浇楼（屋）面板施工图的内容，可按如下步骤进行识读：

（1）查看图名、比例；

（2）校核轴线编号及其间距尺寸，必须与建筑图、梁平法施工图一致；

（3）阅读结构设计总说明及板图相关设计说明，明确现浇板的混凝土强度等级及其他要求；

（4）明确现浇板的板厚、标高；

（5）明确现浇板的配筋。

### 6.4.2　板钢筋计算方法及翻样算例

1. 板下部贯通筋（底筋）的计算方法

（1）钢筋计算

$$下部贯通筋长度 ＝ 净跨长度 ＋ 两端的锚固长度 ＋ 2 \times 弯钩长度 \qquad (6-1)$$

$$下部贯通筋根数 ＝ 布筋范围的净跨长度 / 板筋间距 \qquad (6-2)$$

（2）要点解析

① 锚固长度：当板端支座为梁、剪力墙和圈梁时，直锚长度 max（5d，1/2的支座宽度）；当板端支座为砌体墙时，直锚长度取 max（120mm，h，1/2的墙厚）。

② 弯钩长度：HPB300级钢筋末端应做180°弯钩，但受压钢筋可不做弯钩。

③ 布筋范围：板筋布置在板带净跨范围内，第一根钢筋在距梁边1/2板筋间距处开始设置。

【例题6-7】　LB1采用C30混凝土，板内钢筋采用HPB300级钢筋，板保护层厚15mm，梁箍筋保护层厚20mm，板内钢筋如图6-41所示。试计算板下部贯通筋。（提示：

定尺长度取 9m。)

【解】　(1) X 向板底筋

直锚长度＝max $(5d,\ b_1/2)$＝125mm

X 向底筋长度＝$(7200-2\times125)+2\times125+$ $2\times6.25\times8$＝7300mm

X 向底筋根数＝$(6900-2\times150)/150$＝44 根

(2) Y 向板底筋

直锚长度＝max $(5d,\ b_2/2)$＝150mm

Y 向底筋长度＝$6900-2\times150+2\times150+$ $2\times6.25\times8$＝7000mm

①～②轴板 Y 向底筋根数＝$(3000-2\times$ $125)/150$＝19 根

②～③轴板 Y 向底筋根数＝$(4200-2\times$ $125)/150$＝27 根

合计＝19＋27＝46 根。

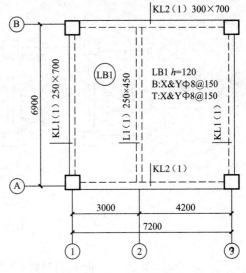

图 6-41　板示意图

注：板中设有一道 L1，因此，Y 向板底筋根数应按跨度取 3000mm、4200mm 的左右两块板分别计算。X 向板底筋长度可按每跨计算并分别在支座内锚固，也可贯通数跨便于施工，本例按后者处理。

2. 板上部贯通筋 (顶筋) 的计算方法

(1) 钢筋计算

$$上部贯通筋长度 ＝ 净跨长度 ＋ 两端的锚固长度 \qquad (6-3)$$

$$上部贯通筋根数 ＝ 布筋范围的净跨长度 / 板筋间距 \qquad (6-4)$$

(2) 要点解析

① 锚固长度：两端伸至支座梁：剪力墙外侧纵筋的内侧 (平直段根据设计注明，设计按铰接时应$\geqslant0.35l_{ab}$、充分利用钢筋的抗拉强度时应$\geqslant l_{ab}$)，再弯折直钩 15$d$；当支座平直段长度$\geqslant l_a$ 时可不弯折。

当板端支座为梁和圈梁时：平直段锚固长度＝梁截面宽度－保护层厚度－梁角筋直径

当板端支座为剪力墙时：平直段锚固长度＝墙厚－保护层厚度－墙身水平分布筋直径

当板端支座为砌体墙时：平直段锚固长度＝板端支承长度－保护层厚度

② 布筋范围：同下部贯通筋的设置方式。

【例题 6-8】　LB2 采用 C30 混凝土，板内钢筋采用 HRB335 级钢筋，板保护层厚 15mm，梁箍筋保护层厚 20mm，板内钢筋如图 6-42 所示。试计算板下部贯通筋。(提示：锚固长度 $l_a$ 取 29$d$，搭接长度 $l_l$＝1.2$l_a$，定尺长度取 9m。)

【解】　$l_a$＝29$d$＝232mm，$l_l$＝1.2$l_a$＝278mm

梁纵筋保护层厚度＝20＋10＝30mm

(1) X 向平直段锚固长度＝250－30－22＝198mm＜$l_a$＝232mm，需弯锚，弯折段取 15$d$＝120mm

$$X 向顶筋长度＝(7200+3600-2\times125)+2\times198+2\times120＝11186mm$$

$$接头个数＝11186/9000-1＝1 个$$

$$考虑搭接后的 X 向顶筋长度＝11186+1\times150＝11336mm$$

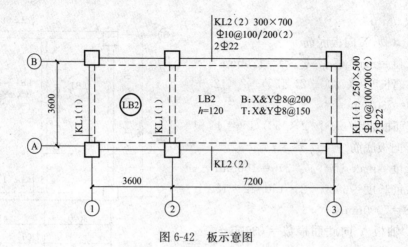

图 6-42  板示意图

X 向顶筋根数＝(3600－2×150)/150＝22 根

（2）Y 向平直段锚固长度＝300－30－22＝248mm＞$l_a$＝232mm，可直锚，锚入长度取 232mm

Y 向顶筋长度＝(3600－2×150)＋2×232＝3764mm

①～②轴板 Y 向顶筋根数＝(3600－2×125)/150＝23 根

②～③轴板 Y 向顶筋根数＝(7200－2×125)/150＝47 根

合计＝23＋47＝70 根

3. 支座负筋及负筋分布筋的计算方法

（1）钢筋计算

① 支座负筋单侧伸出

支座负筋长度 ＝ 跨内延伸长度－梁宽/2＋支座端锚固长度＋板内弯折长度    (6-5)

② 支座负筋双侧伸出

支座负筋长度 ＝ 左侧延伸长度＋右侧延伸长度＋两端弯折长度    (6-6)

③ 支座负筋贯通短跨

支座负筋长度 ＝ 左侧延伸长度＋两梁的中心间距＋右侧延伸长度＋两端弯折长度

(6-7)

④ 支座负筋伸出至悬挑端

支座负筋长度 ＝ 跨内延伸长度＋梁宽/2＋净悬挑长度－保护层厚度＋两端弯折长度

(6-8)

⑤ 支座负筋的分布筋

支座负筋的分布筋长度 ＝ 两侧支座的中心间距－两侧负筋延伸长度＋2×150

(6-9)

支座负筋及分布筋的数量：

支座负筋根数 ＝ 布筋范围的净跨长度 / 板筋间距    (6-10)

分布筋根数 ＝（负筋跨内延伸长度－梁宽/2－分布筋间距/2)/ 分布筋间距＋1

(6-11)

（2）要点解析

① 支座负筋在板内的弯折长度＝板厚－2×保护层厚度；当支座负筋单侧伸出时，端部锚固长度参照板上部贯通筋的端部锚固要求。

② 布筋范围：支座负筋的布筋范围同下部贯通筋；支座负筋的分布筋布置在负筋的延伸净长度范围内，在负筋拐角处必须布置一根分布筋。

③ 关于分布筋的搭接长度：分布筋与支座负筋搭接长度为 150mm；当分布筋兼作温度筋时，其与支座负筋的搭接长度为 $l_1$。

【例题 6-9】 LB3、LB4、LB5 采用 C30 混凝土，板内钢筋采用 HRB400 级钢筋，板保护层厚 15mm，梁箍筋保护层厚 20mm，各梁上部纵筋直径均为 22mm，箍筋直径为 10mm，梁截面及板内钢筋如图 6-43 所示，未注明分布筋为Φ 8@250。试计算①②③④号筋。（提示：锚固长度 $l_a$ 取 35$d$。）

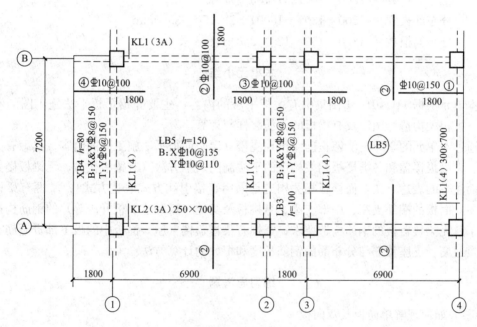

图 6-43 板示意图

【解】 $l_a = 35d = 350$mm，梁纵筋保护层厚度＝20＋10＝30mm

（1）①号筋梁内平直段锚固长度＝300－30－22＝248mm＜$l_a$＝350mm，需弯锚，弯折段取 15$d$＝150mm

　　　　板内弯折长度 $h - 2c$＝150－2×15＝120mm

　　　　①号筋长度＝1800＋（248－150）＋150＋120＝2168mm

　　　　①号筋根数＝（7200－2×125）/150＝47 根

　　　　分布筋长度＝（7200－1800－1800）＋2×150＝3900mm

　　　　分布筋根数＝（1800－150－125）/250＋1＝8 根

（2）②号筋板内两端弯折长度均取 $h - 2c$＝150－2×15＝120mm

　　　　②号筋长度＝1800＋1800＋2×120＝3840mm

②号筋根数＝4×(6900－2×150)/100＝264 根

分布筋长度＝(6900－1800－1800)＋2×150＝3600mm

分布筋根数＝8×[(1800－125－125)/250＋1]＝64 根

(3) ③号筋板内两端弯折长度均取 $h-2c＝150－2×15＝120$mm

③号筋长度＝1800＋1800＋1800＋2×120＝5640mm

③号筋根数＝(7200－2×125)/100＝70 根

分布筋长度＝(7200－1800－1800)＋2×150＝3900mm

分布筋根数＝2×[(1800－150－125)/250＋1]＝16 根

(4) ④号筋板内弯折长度取 150－2×15＝120mm

悬挑端弯折长度取 80－2×15＝50mm

④号筋长度＝1800＋1800－15＋120＋50＝3755mm

④号筋根数＝(7200－2×125)/100＝47 根

分布筋长度＝(7200－1800－1800)＋2×150＝3900mm

分布筋根数＝(1800－150－125)/250＋1＝8 根

## 本单元小结

本单元根据 11G101－1 图集中有关板平法的内容，主要介绍了板平法施工图的制图规则、板相关构造详图以及有梁板的钢筋翻样与计算。

通过本单元的学习，能够正确阅读现浇楼（屋）面板平法施工图的内容；熟悉有梁板楼盖、无梁板楼盖和各类楼板相关构造的平法制图表示方法（有梁板楼盖、无梁板楼盖采用平面注写的表达方式，而楼板相关构造是采用直接引注方式表达方式）；掌握有梁楼盖楼（屋）面板的端部支座、中部支座、悬挑板及其他（板翻边、板开洞等）的钢筋构造要求；了解无梁楼盖板的钢筋构造要求；掌握有梁楼盖楼（屋）面板中的板下部贯通筋、板上部贯通筋、支座负筋与分布筋的钢筋长度和根数的计算方法。

## 练习思考题

6-1 如何理解单向板及双向板？

6-2 楼板和屋面板中配置的钢筋包括哪些种类？板钢筋配置有哪些方式？

6-3 有梁楼盖平法施工图中的板块集中标注和板支座原位标注的内容分别是什么？

6-4 楼板有哪些相关构造？如何表示？

6-5 有梁楼盖（屋盖）板端支座的锚固分几种情况？配筋构造有何要求？

6-6 简述板上、下部贯通纵筋连接构造要求。

6-7 悬挑板的钢筋构造要求包括哪些内容？

6-8 当悬挑板内外标高不相同时，上部钢筋是否可以拉通？

6-9 简述无梁楼盖板及板带配筋构造。

6-10 阅读现浇板施工图时应注意哪些内容？

6-11 如何计算板内各类钢筋的长度及根数？

# 教学单元 7　基础平法施工图识读与钢筋翻样

【学习目标】了解各种类型基础的相关知识，熟悉基础平法施工图的制图规则与标准构造详图，能够正确识读基础结构施工图并根据施工图进行基础钢筋的翻样计算。

## 7.1　基 础 简 介

基础是位于建筑物最下部的承重构件，它承受建筑物的全部荷载，并将其传递到地基上。因此，基础必须具有足够的强度，并能抵御地下各种有害因素的侵蚀。基础的类型与建筑物上部结构形式、荷载大小、地基的承载能力、地基土的地质、水文情况、基础选用的材料性能等因素有关。

建筑基础类型按以下四种方式分类：

（1）按使用的材料分为灰土基础、砖基础、毛石基础、三合土基础、混凝土基础、钢筋混凝土基础。

1）砖基础是用砖和水泥砂浆砌筑而成的基础。

2）毛石基础是用开采的无规则的块石和水泥砂浆砌筑而成的基础。

3）灰土基础是由石灰与黏土按一定比例拌合，加水夯实而成的基础。

4）混凝土基础是由混凝土拌制后灌筑而成的基础。

5）钢筋混凝土基础是在混凝土中加入抗拉强度很高的钢筋，这种基础具有较高的抗弯抗拉能力。

（2）按埋置深度分为浅基础和深基础。埋置深度不超过 5m 者称为浅基础，如独立基础、条形基础、筏形基础（梁板式和平板式）和箱形基础。大于 5m 的称为深基础，如桩基础。

（3）按受力性能分为刚性基础和柔性基础。

1）刚性基础：由抗压强度较高，而抗弯和抗拉强度较低的材料建造的基础。所用材料有混凝土、砖、毛石、灰土、三合土等，一般可用于六层及其以下的民用建筑和墙承重的轻型厂房。

2）柔性基础：用抗拉和抗弯强度都很高的材料建造的基础称为柔性基础，一般用钢筋混凝土制作。这种基础适用于上部结构荷载比较大、地基比较柔软、用刚性基础不能满足要求的情况。

（4）按构造形式分为钢筋混凝土独立基础、条形基础、满堂基础和桩基础。

1）独立基础：当建筑物上部为框架结构或单独柱时，常采用独立基础；若柱预制时，则采用杯形基础形式。

2）条形基础：当建筑物采用砖墙承重时，墙下基础常连续设置，形成通长的条形基础。

3）满堂基础：当上部结构传下的荷载很大、地基承载力很低、独立基础不能满足地基要求时，常将这个建筑物的下部做成整块钢筋混凝土基础，成为满堂基础。满堂基础按构造又分为筏形基础（分梁板式和平板式）和箱形基础两种。伐形基础：是埋在地下的连片基础，适用于有地下室或地基承载力较低、上部传来的荷载较大的情况。箱形基础：当伐形基础埋深较大，并设有地下室时，为了增加基础的刚度，将地下室的底板、顶板和墙浇制成整体箱形基础。箱形的内部空间构成地下室，具有较大的强度和刚度，多用于高层建筑。

4）桩基础：当建造比较大的工业与民用建筑时，若地基的软弱土层较厚，采用浅埋基础不能满足地基强度和变形要求，常采用桩基。桩基的作用是将荷载通过桩传给埋藏较深的坚硬土层，或通过桩周围的摩擦力传给地基。按照施工方法其可分为钢筋混凝土预制桩和灌注桩。

本单元主要论述独立基础、条形基础、桩基承台、梁板式筏板基础四种基础类型的基础平法施工图识读、基础的布筋构造详图、基础钢筋翻样计算等相关知识。

## 7.2　基础平法施工图识读与构造详图

### 7.2.1　独立基础施工图识读与构造详图

独立基础平法施工图有平面注写与截图注写两种表达方式。

1. 独立基础的平面注写方式

独立基础的平面注写方式由集中标注和原位标注两部分组成。

集中标注是在基础平面图上集中引注，其中基础编号、截面竖向尺寸、配筋三项为必注内容，基础底面标高与基础底面基准标高不同时的相对标高高差和必要的文字注解为选注内容。原位标注是在基础平面图上标注独立基础的平面尺寸。对相同编号的基础可选择一个进行原位标注；当平面图形较小时，可将所选定进行原位标注的基础适当放大；其他相同编号者仅注编号。

（1）独立基础的集中标注

1）独立基础编号见表 7-1。

独立基础编号　　　　　　　　　　　　　　　表 7-1

| 类　　型 | 基础底板截面形状 | 代　号 | 序　　号 |
|---|---|---|---|
| 独立基础 | 阶形 | $DJ_J$ | ×× |
|  | 坡形 | $DJ_P$ | ×× |

2）独立基础截面竖向尺寸，如图 7-1 所示。

① 当独立基础为阶形截面时，各阶尺寸自下而上用"/"分隔顺写 $h_1/h_2/h_3$……。

② 当独立基础为坡形截面时，注写为 $h_1/h_2$。

【例题 7-1】　$DJ_J01$，400/300/300，表示阶形独立基础 $DJ_J01$，竖向截面尺寸 $h_1=400mm$、$h_2=300mm$、$h_3=300mm$，基础底板总厚度 1000mm；$DJ_P02$，400/300，表示坡形独立基础 $DJ_P02$，竖向截面尺寸 $h_1=400mm$、$h_2=300mm$，基础底板总厚度 700mm。

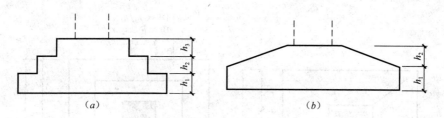

图 7-1 普通独立基础竖向尺寸

（a）阶形截面独立基础；（b）坡形截面独立基础

3）独立基础的底部双向配筋

以 B 代表各种独立基础底板的底部配筋，X 向配筋以 X 打头注写，Y 向配筋以 Y 打头注写；当两向配筋相同时，则以 X&Y 打头注写。

【例题 7-2】 当（矩形）独立基础底板配筋（如图 7-2 所示）为：B：X $\Phi$ 16@150，Y $\Phi$ 16@200。表示基础底板底部配置 HRB400 级钢筋，X 向直径为 16mm，分布间距为 150mm；Y 向直径为 16mm，分布间距 200mm。

4）当独立基础的底面标高与基础底面基准标高不同时，应将独立基础底面标高直接注写在"（　）"内。

【例题 7-3】 $DJ_P03$ （－0.500）表示该坡形独立基础底面标高比基础底面基准标高低 0.500m。

5）必要的文字注解（选注内容）

当独立基础的设计有特殊要求时，宜增加必要的文字注解。例如，基础底板配筋长度是否采用减短方式等，可在该项内注明。

（2）独立基础的原位标注

1）原位注写矩形独立基础截面尺寸，如图 7-3 所示。

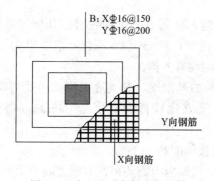

图 7-2 独立基础底板底部配筋

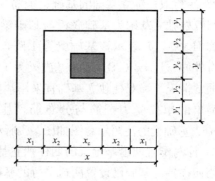

图 7-3 矩形独立基础原位标注

2）原位注写坡形独立基础截面尺寸，如图 7-4 所示。

（3）独立基础采用平面注写方式的集中标注和原位标注综合表达，如图 7-5 所示。

（4）独立基础通常为单柱独立基础，也可为多柱独立基础（双柱或四柱等）。多柱独立基础的编号、几何尺寸和配筋的标注方式与单柱独立基础相同。

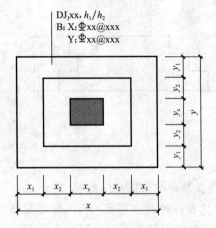

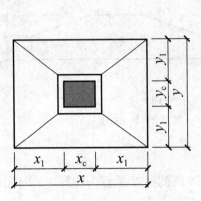

图 7-4　坡形独立基础原位标注　　　图 7-5　独立基础集中及原位标注

当为多柱独立基础且柱距较小时，通常仅配置基础底部钢筋；当柱距较大时，除基础底部配筋外，尚需在两柱间距配置基础顶部钢筋或设置基础梁；当为四柱独立基础时，通常可设置两道平行的基础梁，需要时可在两道基础梁之间配置基础顶部钢筋。

多柱独立基础顶部配筋和基础梁的注写方法如下：

1）注写双柱独立基础底板顶部配筋

双柱独立基础的底板顶部配筋，通常对称分布在双柱中心线两侧，以"T"打头注写为"双柱间纵向受力钢筋/分布钢筋"。当纵向受力钢筋在基础底板顶面非布满时，应注明其总根数。

【例题 7-4】　T：11$\Phi$18@100/$\Phi$10@200；表示独立基础顶部配置的纵向受力钢筋为 HRB400 级钢筋，直径为 18mm，共 11 根，间距 100mm；分布筋为 HPB300 级钢筋，直径为 10mm，分布间距 200mm，如图 7-6 所示。

2）注写双柱独立基础的基础梁配筋

当双柱独立基础为基础底板与基础梁相结合时，注写基础梁的编号、几何尺寸和配筋。如 JLxx（1）表示该基础梁为 1 跨，两端无延伸；JLxx（1A）表示基础梁为 1 跨，一端有外伸；JLxx（1B）表示基础梁为 1 跨，两端均有外伸。

通常情况下，双柱独立基础宜采用端部有外伸的基础梁，基础底板则采用受力明确、构造简单的单向受力配筋与分布筋。基础梁宽度宜比柱截面宽度≥100mm（每边≥50mm）。基础梁的注写示意图如图 7-7 所示。

3）注写配置两道基础梁的四柱独立基础底板顶部配筋

当四柱独立基础已设置两道平行的基础梁时，根据内力需要可在双梁之间及梁的长度范围之内配置基础顶部钢筋，注写为"梁间受力钢筋/分布钢筋"。

【例题 7-5】　T：$\Phi$16@120/$\Phi$10@200；表示在四柱独立基础顶部两道基础梁之间配置的受力钢筋为 HRB400 级钢筋，直径为 16mm，分布间距 120mm；分布筋为 HPB300 级钢筋，直径为 10mm，分布间距 200mm，如图 7-8 所示。

采用平面注写方式表达的独立基础设计施工图如图 7-9 所示。

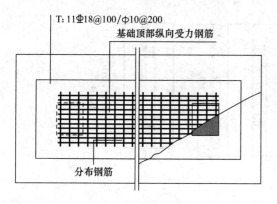

图 7-6　双柱独立基础顶部配筋示意图

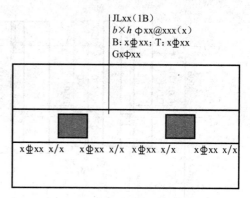

图 7-7　双柱独立基础梁配筋注写示意图

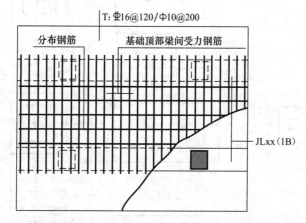

图 7-8　四柱独立基础底板顶部配筋示意图

**2. 独立基础的截面注写方式**

独立基础的截面注写方式又可分为截面标注和列表注写（结合截面示意图）两种表达方式。

（1）对单个基础进行截面标注的内容和形式，与传统"单构件正投影表示方法"基本相同。对于已在基础平面布置图上原位标注清楚的该基础的平面几何尺寸，在截面图上可不再重复表达。

（2）对多个同类基础，可采用列表注写（结合截面示意图）的方式进行集中表达。表7-2 中内容为基础截面的几何数据和配筋等，在截面示意图上应标注与表中栏目相对应的代号。列表的具体内容规定如下：

1）编号：阶形截面编号为 $DJ_J xx$，坡形截面编号为 $DJ_P xx$。

2）几何尺寸：水平尺寸 x、y，$x_c$、$y_c$（或圆柱直径 $d_c$），$x_i$，$y_i$，$i=1$，2，3……；竖向尺寸 $h_1/h_2/……$。

3）配筋：B：X：Cxx@xxx，Y：Cxx@xxx。普通独立基础列表格式见表7-2。

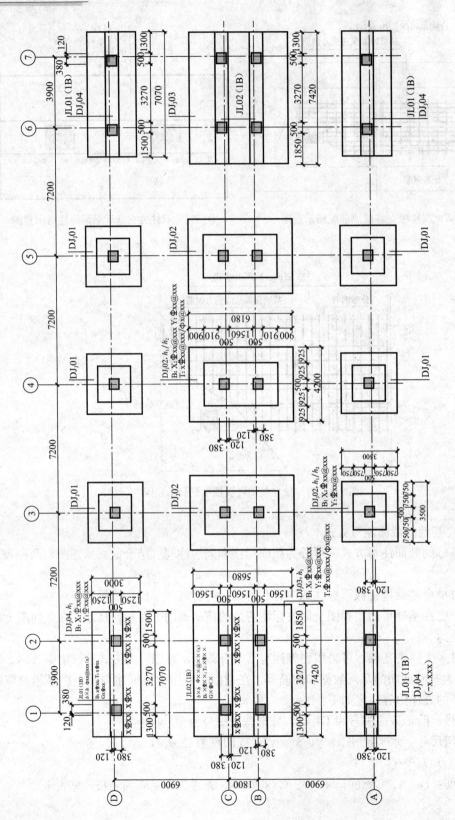

图7-9 平面注写方式独立基础施工图

普通独立基础几何尺寸和配筋表　　　　　表 7-2

| 基础编号/截面 | 截面几何尺寸 | | | | 底部配筋（B） | |
|---|---|---|---|---|---|---|
| | $x$、$y$ | $x_c$、$y_c$ | $x_i$、$y_i$ | $h_1/h_2/\cdots\cdots$ | X 向 | Y 向 |
| | | | | | | |
| | | | | | | |

注：表中可根据实际情况增加栏目。

### 3. 独立基础配筋标准构造详图

（1）独立基础 $DJ_J$、$DJ_P$ 底部配筋标准构造

阶形截面独立基础底部配筋构造如图 7-10 所示；坡形截面独立基础底部配筋构造如图 7-11 所示。其构造要求为：基础 x 向及 y 向的具体方向由设计者在图纸中注明；x 向间距用 $s$ 表示，y 向间距用 $s'$ 表示；独立基础底部双向交叉钢筋长向设置在下面，短向设置在长向钢筋的上面。

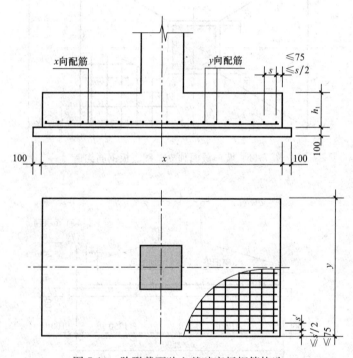

图 7-10　阶形截面独立基础底板钢筋构造

（2）独立基础底板配筋长度减短 10% 构造

当独立基础底板长度≥2500mm 时，除外侧钢筋外，底板钢筋长度可取相应方向底板长度的 0.9 倍，如图 7-12 所示。当非对称独立基础底板长度≥2500mm，但该基础某侧从柱中心至基础底板边缘的距离<1250mm 时，钢筋在该侧不应减短，如图 7-13 所示。

（3）双柱独立基础配筋构造

双柱普通独立基础底部和顶部配筋构造如图 7-14 所示。其构造要求为：双柱普通独立基础底板的截面形状可为阶梯截面 $DJ_J$ 或坡形截面 $DJ_P$；双柱普通独立基础底部双向交叉钢筋，根据基础两个方向从柱外缘至基础外缘的延伸长度 $ex$ 和 $ex'$，长度较大者方向的钢筋放在下，较小者方向的钢筋放在较大钢筋的上面；当矩形双柱普通独立基础的顶部设置纵向受力钢筋时，分布钢筋宜设置在纵向受力钢筋之上。

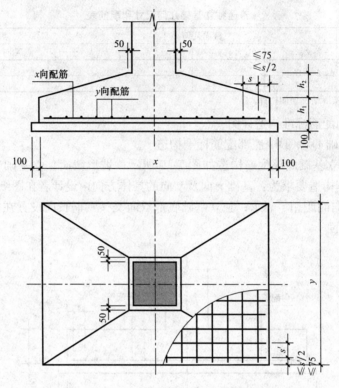

图 7-11　坡形截面独立基础底板钢筋构造

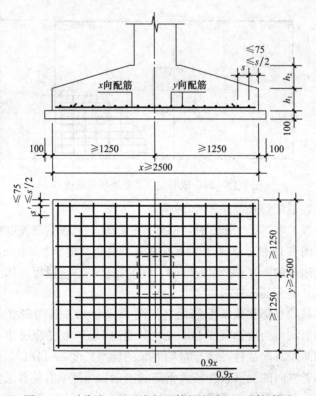

图 7-12　对称独立基础底板配筋长度减短 10％的构造

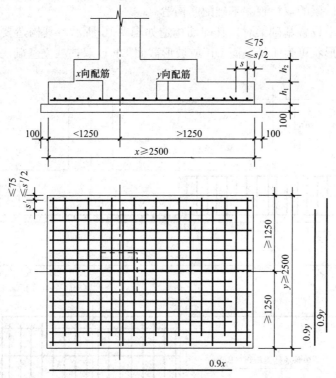

图 7-13　非对称独立基础底板钢筋长度减短 10％的钢筋排布构造

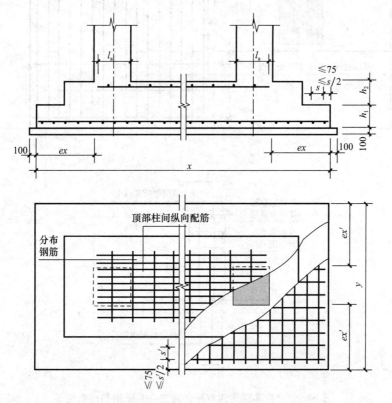

图 7-14　双柱普通独立基础顶面、底面钢筋排布构造

（4）设置基础梁的双柱独立基础配筋构造

当双柱基础中设置基础梁时，其配筋构造如图 7-15 所示。其构造要求为：双柱独立基础底板的截面形状可为阶梯截面 DJ<sub>J</sub> 或坡形截面 DJ<sub>P</sub>；双柱独立基础底部短向受力钢筋

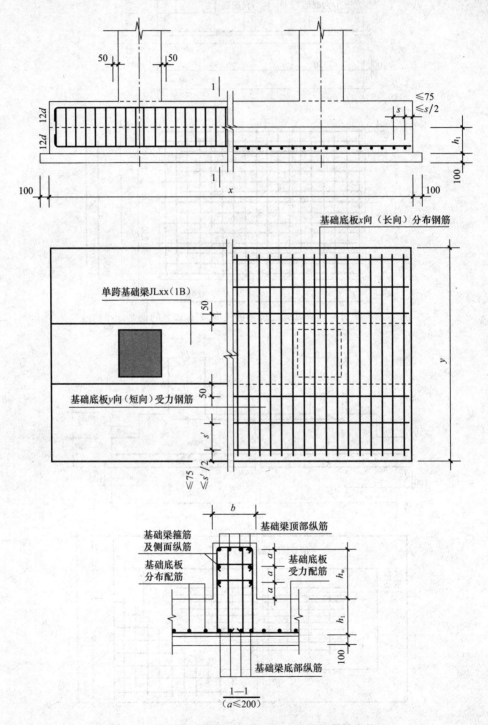

图 7-15　设置基础梁的双柱普通独立基础钢筋排布构造

设置在基础梁纵筋之下，与基础梁箍筋的下水平段位于同一层面；双柱独立基础所设置的基础梁宽度宜比柱宽≥100mm（每边≥50mm），当具体设计的基础梁宽度小于柱截面宽度时，应按规定增设梁包柱侧腋。

### 7.2.2　桩基承台施工图识读与构造详图

桩基承台平法施工图有平面注写与截面注写两种表达方式。桩基承台分为独立承台和承台梁，编号如表 7-3、表 7-4 所示。

独立承台编号　　　　　　　　　　　　　　　　表 7-3

| 类　型 | 独立承台截面形状 | 代　号 | 序　号 | 说　明 |
|---|---|---|---|---|
| 独立承台 | 坡形 | $CT_P$ | ×× | 单阶截面为平板式独立承台 |
| | 阶形 | $CT_J$ | ×× | |

承台梁编号　　　　　　　　　　　　　　　　表 7-4

| 类　型 | 代　号 | 序　号 | 跨数及是否有外伸 |
|---|---|---|---|
| 承台梁 | CTL | ×× | （××）端部无外伸<br>（××A）一端有外伸<br>（××B）两端有外伸 |

1. 独立承台的平面注写方式

独立承台的平面注写方式分为集中标注和原位标注两部分内容。

（1）独立承台的集中标注系在承台平面上的集中引注，包括以下内容：

1）注写独立承台编号，如 $CT_J$××、$CT_p$××。

2）注写独立承台截面竖向尺寸，即注写 $h_1/h_2/\cdots\cdots$，具体标注为：

当独立承台为阶形截面时，如图 7-16 所示，当为多阶时，各阶尺寸自下而上用"/"分隔顺写，当为单阶时，截面竖向尺寸仅为一个，且为独立承台总厚度。当独立承台为坡形截面时，截面竖向尺寸注写为 $h_1/h_2$，如图 7-17 所示。

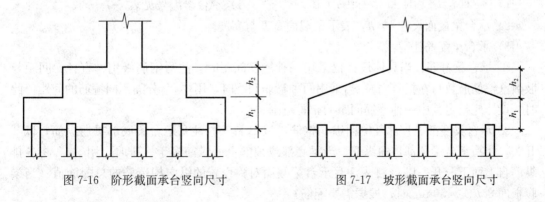

图 7-16　阶形截面承台竖向尺寸　　　　　图 7-17　坡形截面承台竖向尺寸

3）注写独立承台配筋

独立承台底部与顶部双向配筋应分别注写，顶部配筋仅用于双柱或四柱等独立承台。

当独立承台顶部无配筋时则不注顶部。注写规定如下：

① 以 B 打头注写底部配筋，以 T 打头注写顶部配筋。

② 矩形承台 X 向以 X 打头，Y 向以 Y 打头，两向配筋相同时以 X&Y 打头。

③ 当为等边三桩承台时，以"△"打头，注写三角布置的各边受力钢筋（注明根数并在配筋值后注写"×3"），在"/"后注写分布钢筋。

④ 当为等腰三桩承台时，以"△"打头注写等腰三角形底边的受力钢筋＋两对称斜边的受力钢筋（注明根数并在两对称配筋值后注写"×2"），在"/"后注写分布钢筋。

⑤ 当为多边形（五边形或六边形）承台或异形独立承台，且采用 X 向和 Y 向正交配筋时，注写方式与矩形独立承台相同。

⑥ 两桩承台可按承台梁进行标注。

4）注写基础底面标高（选注内容）

当独立承台的底面标高与桩基承台底面基准标高不同时，应将独立承台的底面标高注写在括号内。

5）必要的文字注写（选注内容）

当独立承台的设计有特殊要求时，宜增加必要的文字注解。例如，当独立承台底部和顶部均配置钢筋时，注明承台板侧面是否采用钢筋封边以及采用何种形式的封边构造等。

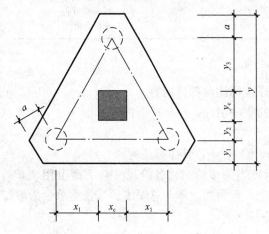

图 7-18　桩承台平面尺寸原位标注示意图

（2）独立承台的原位标注是在桩基承台平面布置图上标注独立承台的平面尺寸，相同编号的独立承台，可仅选择一个进行标注，其他仅注编号，如图 7-18 所示。

2. 承台梁的平面注写方式

承台梁 CTL 的平面注写方式，分集中标注和原位标注两部分内容。

（1）承台梁的集中标注包括以下内容：

1）承台梁编号见表 7-3。

2）承台梁截面尺寸 $b×h$，表示梁截面宽度与高度。

3）承台梁配筋注写。

① 承台梁箍筋：当具体设计仅采用一种箍筋间距时，注写钢筋级别、直径、间距与肢数（箍筋肢数写在括号内）；当采用两种箍筋间距时，用"/"分隔不同箍筋的间距。此时，设计应指定其中一种箍筋间距的布置范围。

② 承台梁底部、顶部及侧面纵向钢筋：以 B 打头，注写承台梁底部贯通纵筋；以 T 开头，注写承台梁顶部贯通纵筋。当梁底部或顶部贯通纵筋多于一排时，用"/"将各排纵筋自上而下分开。以 G 打头注写承台梁侧面对称设置的纵向构造筋的总配筋值（当梁腹板净高 $h_w ≥ 450mm$ 时，根据需要配筋）。

4）当承台梁底面标高与桩基承台底面基准标高不同时，将承台梁底面标高注写在括号内。

5）当承台梁的设计有特殊要求时，宜增加必要的文字注解。

（2）承台梁的原位标注规定

1）原位标注承台梁的附加箍筋或（反扣）吊筋。当需要设置附加箍筋或（反扣）吊筋时，将附加箍筋或（反扣）吊筋直接画在平面图中的承台梁上，原位直接引注总配筋值（附加箍筋的肢数注写在括号内）。当多数梁的附加箍筋或（反扣）吊筋相同时，可在桩基承台平法施工图上统一注明，少数与统一注明值不同时，在原位直接引注。

2）原位注写承台梁外伸部位的变截面高度尺寸。当承台梁外伸部位采用变截面高度时，在该部位原位注写 $b \times h_1 / h_2$，$h_1$ 为根部截面高度，$h_2$ 为尽端截面高度。

3）原位注写修正内容。当在承台梁上集中标注的某项内容（如截面尺寸、箍筋、底部与顶部贯通纵筋或架立筋、梁侧面纵向构造钢筋、梁底面标高等）不适用于某跨或某外伸部位时，将其修正内容原位标注在该跨或外伸部位，施工时原位标注取值优先。

3．桩基承台的截面注写方式

桩基承台的截面注写方式分为截面标注和列表注写（结合截面示意图）两种表达方式。

（1）采用截面注写方式应在桩基平面布置图上对所有桩基进行编号。

（2）桩基承台的截面注写方式可参照独立基础及条形基础的截面注写方式。

4．桩基承台配筋标准构造详图

（1）矩形承台配筋构造

矩形承台配筋如图 7-19 所示。桩顶嵌入承台的要求：当桩直径或桩截面边长＜800mm 时，桩顶嵌入承台 50mm；当桩直径或桩截面边长≥800mm 时，桩顶嵌入承台 100mm。

（2）桩顶纵筋在承台内的锚固构造

桩顶纵筋在承台内的锚固构造如图 7-20 所示。构造要求为：图 7-20 适用于阶形截面和坡形截面，阶形截面可为单阶或多阶；钢筋锚入承台内锚固长度不小于 $l_a$ 且≥35$d$。

（3）等边三桩承台配筋构造

等边三桩承台配筋构造如图 7-21 所示。构造要求为：当桩径或桩截面边长＜800mm 时，桩顶嵌入承台 50mm；当桩径或桩截面边长≥800mm 时，桩顶嵌入承台 100mm。等边三桩承台受力钢筋以"△"打头注写各边受力钢筋×3。

（4）单排桩承台梁配筋构造

墙下单排桩承台梁配筋构造如图 7-22 所示。构造要求为：当桩径或桩截面边长＜800mm 时，桩顶嵌入承台 50mm；当桩径或桩截面边长≥800mm 时，桩顶嵌入承台 100mm。拉筋直径为 8mm，间距为箍筋间距的 2 倍。当没有多排拉筋时，上下两排拉筋竖向错开设置。

### 7.2.3　条形基础施工图识读与构造详图

条形基础整体上可分为梁板式条形基础和板式条形基础。

梁板式条形基础适用于钢筋混凝土框架结构、框架剪力墙结构、框支剪力墙结构等。平法施工图将梁板式条形基础分解为基础梁和条形基础底板分别进行表达。

板式条形基础适用于钢筋混凝土剪力墙结构和砌体结构。平法施工图仅表达条形基础底板。

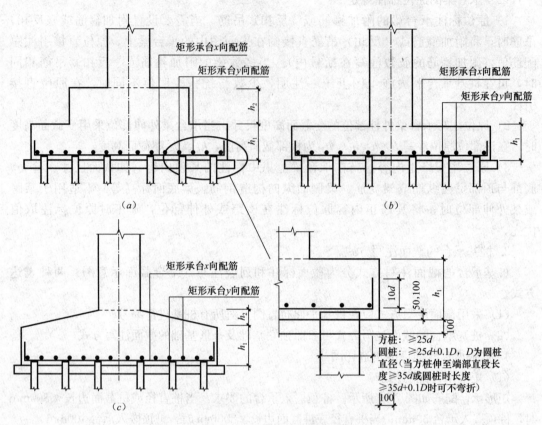

图 7-19  矩形承台配筋构造

(a) 阶形截面 $CT_J$；(b) 单阶形截面 $CT_J$；(c) 坡形截面 $CT_P$

1. 条形基础梁的编号

条形基础编号分为基础梁和条形基础底板 2 类，如表 7-5 所示。

2. 条形基础梁的平面注写方式

条形基础梁的平面注写方式分集中标注和原位标注两部分内容。

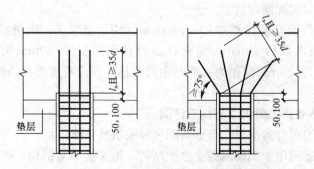

图 7-20  桩顶纵筋在承台内的锚固构造

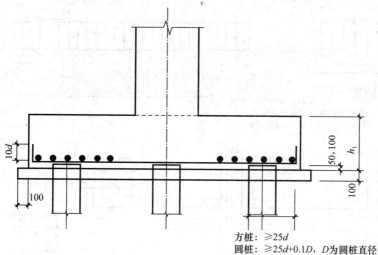

方桩：≥25d
圆桩：≥25d+0.1D，D为圆桩直径
（当伸至端部直段长度方桩≥35d
或圆桩≥35d+0.1D时可不弯折）

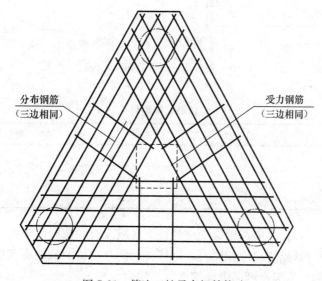

图 7-21　等边三桩承台钢筋构造

（1）条形基础梁集中标注具体内容

1）基础梁编号（必注内容）

2）基础梁截面尺寸（必注内容）

基础梁截面尺寸 $b \times h$ 表示截面宽度×截面高度。当为加腋梁时，用 $b \times h Y c_1 \times c_2$ 表示，其中 $c_1$ 为腋长，$c_2$ 为腋高。

3）基础梁箍筋（必注内容）

当设计仅采用一种箍筋间距时，注写钢筋级别、直径、间距与肢数（箍筋肢数写在括号内，下同）；当设计采用两种或多种间距时，用"/"分隔不同箍筋的间距及肢数，按照从基础梁两端向跨中的顺序注写。当设计为两种不同的箍筋时，先注写第一段箍筋（在前面加注箍筋道数），在斜线后再注写第二段箍筋（不再加注箍筋道数）。

153

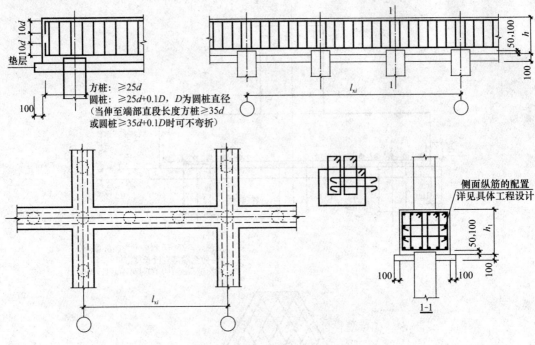

图 7-22 单排桩承台梁示意图

**条形基础编号** 表 7-5

| 类 型 | 代 号 | 序 号 | 跨数及是否有外伸 |
|---|---|---|---|
| 基础梁 | JL | ×× | （××）端部无外伸 |
| 条形基础底板 | TJB$_P$ | ×× | （××A）一端有外伸 |
| | TJB$_J$ | ×× | （××B）两端有外伸 |

施工钢筋排布时，在两向基础梁相交的柱下区域应有一向截面较高的基础梁按梁端箍筋贯通设置；当两向基础梁高度相同时，则任选一向基础梁的箍筋贯通设置。

4）基础梁底部、顶部及侧面纵向钢筋（必注内容）

以 B 打头，注写基础梁底部贯通纵筋（不小于梁底部受力筋总截面面积的 1/3）。当跨中所注纵向钢筋根数少于箍筋肢数时，需要在跨中增设基础梁底部架立筋，以固定箍筋，采用"＋"将贯通纵筋与架立筋相连，架立筋写在"＋"后的括号内。以 T 打头，注写梁顶部贯通纵筋。当梁底部或顶部贯通纵筋多于一排时，用"/"将各排纵筋自上而下分开。以 G 打头，注写基础梁两侧面对称设置的纵向构造钢筋的总配筋值。

5）基础梁底面相对标高高差（选注内容）

6）必要的文字注解（选注内容）

（2）条形基础梁原位标注的内容

1）原位标注基础梁端或梁在柱下区域的底部全部纵筋（包括底部非贯通筋及已集中注写的底部贯通纵筋）。

当梁端或梁在柱下区域的底部全部纵筋多于一排时，用"/"将各排纵筋自上而下分开注写；当同排纵筋有两种直径时，用"＋"将两种不同直径的纵筋相连；当梁中间支座或梁在柱下区域两边的底部纵筋配置不同时，须在两边分别注写，当梁中间支座或梁在柱下区域两边的底部纵筋配置相同时，可仅在一边注写；当梁端（柱下）区域的底部全部纵筋与集中标注的底部贯通筋相同时，可不再重复注写原位标注。

2）原位注写基础梁的附加箍筋或（反扣）吊筋

当两向基础梁十字交叉，但交叉位置无柱时，应根据抗力需要设置附加箍筋或（反扣）吊筋。将附加箍筋或（反扣）吊筋直接画在十字交叉处刚度较大的基础主梁上，原位直接引注总配筋值（附加箍筋的肢数写在括号内）；当基础梁的附加箍筋或（反扣）吊筋大部分位置相同时，可在条形基础平法施工图上统一注明，少数不同的位置用原位标注修正即可。

3）原位注写基础梁外伸部位的变截面高度尺寸

当基础梁外伸部位采用变截面高度时，在该部位原位注写 $b \times h$　$h_1/h_2$，其中，$h_1$ 为基础梁根部尺寸，$h_2$ 为基础梁尽端截面尺寸。

4）原位注写修正内容

当基础梁上集中标注的某项内容（如截面尺寸、箍筋、底部与顶部贯通纵筋或架立筋、侧面纵向构造钢筋、梁底面相对标高高差等）不适用于某跨或某部位时，将其修正内容原位注写在该跨或该部位处，施工时原位标注取值优先。

3. 条形基础底板的平面注写方式

条形基础底板 TJB$_P$、TJB$_J$ 的平面注写方式分集中标注和原位标注两部分内容。

（1）条形基础底板集中标注的内容

1）注写条形基础底板编号（必注内容）。坡形截面，编号加下标"P"，阶形截面，编号加下标"J"。

2）注写条形基础底板截面竖向尺寸（必注内容）。注写为：$h_1/h_2/\cdots\cdots$。当条形基础底板为坡形截面时，注写为 $h_1/h_2$，如图 7-23 所示；当条形基础底板为多阶截面时，注写为 $h_1/h_2/\cdots\cdots$；当为单阶截面时注写为 $h_1$，如图 7-24 所示。

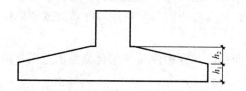

图 7-23　条形基础底板坡形截面竖向尺寸

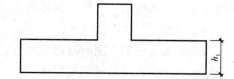

图 7-24　条形基础底板单阶截面竖向尺寸

3）注写条形基础底板底部及顶部配筋（必注内容）

以 B 打头，注写条形基础底板底部的横向受力钢筋；以 T 打头，注写条形基础底板顶部的横向受力钢筋；注写时用"/"分隔条形基础底板的横向受力钢筋与构造钢筋。

当为双梁（或双墙）条形基础底板时，除在底板底部配置钢筋外，一般尚需在双梁或双墙之间的底板顶部配置钢筋，其中横向受力钢筋的锚固从梁（或墙）的内边缘起算，如图 7-25 所示。

【例题 7-6】　某双梁条形基础底板配筋为 B：$\Phi$14@150/$\Phi$8@250，T：$\Phi$14@200/$\Phi$8@250。该条形基础底板底部横向配置 $\Phi$14@150 的受力钢筋，纵向配置 $\Phi$8@250 的构造

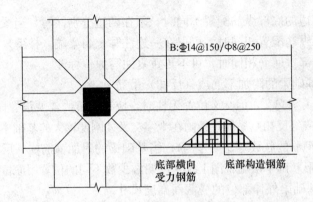

图 7-25　条形基础底板底部配筋示意图

钢筋（分布钢筋）；底板顶部横向配置 $\Phi 14@200$ 的受力钢筋，纵向配置 $\Phi 8@250$ 的构造钢筋（分布钢筋），如图 7-26 所示。

4）注写条形基础底板底面相对标高高差（选注内容）

当条形基础底板底面标高与条形基础底面基准标高不同时，应将条形基础底板底面标高注写在"（　）"内。

5）必要的文字注解（选注内容）

（2）条形基础底板原位注写的内容

1）原位注写条形基础底板的平面尺寸

条形基础底板的原位标注就是注写其平面尺寸。原位标注 $b$、$b_i$，$i=1$、$2……$。其中 $b$ 为基础底板总宽度，$b_i$ 为基础底板台阶的宽度。当基础底板采用对称于基础梁的坡形截面或单阶形截面时，$b_i$ 可不注。

2）原位注写修正内容

当条形基础底板上集中标注的某项内容（如截面竖向尺寸、底板配筋、底板底面相对标高高差等）不适用于条形基础某跨或某部位时，将其修正内容原位注写在该跨或该部位处，施工时原位标注取值优先。

条形基础平法施工图的截面注写方式分为截面标注和列表注写（结合截面示意图）两种方式，具体内容可参考相关资料。

4. 条形基础底板钢筋标准构造详图

（1）条形基础度板钢筋构造

条形基础度板钢筋构造如图 7-27 所示。构造要求为：当条形基础设有基础梁时，基础底板的分布钢筋在梁宽范围内不设置；在两向受力钢筋交接处的网状部位，分布钢筋与同向受力钢筋的构造搭接长度为 150mm。

（2）条形基础底板配筋长度减短 10％的构造

当条形基础底板宽度≥2500mm 时，沿宽度方向底板钢筋长度可取底板宽度的 0.9 倍，底板交接区的受力钢筋和无交接底板端部的第一根钢筋不应减短，如图 7-28 所示。

（3）条形基础底板板底不平时的构造

条形基础底板板底不平时的构造如图 7-29 所示。

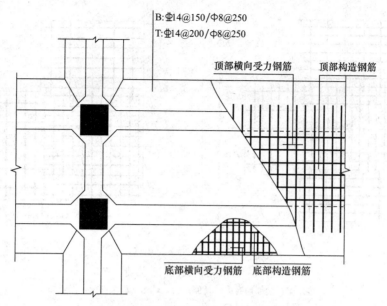

图 7-26　双梁条形基础底板配筋示意图

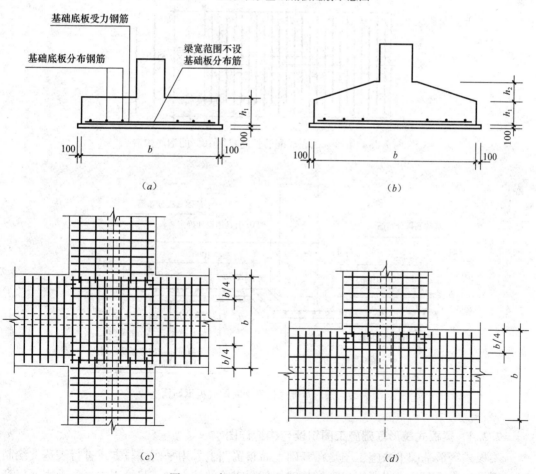

图 7-27　条形基础底板钢筋构造（一）

（a）阶形截面；（b）坡形截面；（c）十字交接基础底板；（d）丁字交接基础底板

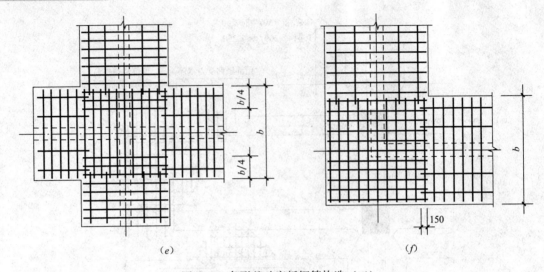

图 7-27　条形基础底板钢筋构造（二）

（*e*）转角梁板端部均有纵向延伸；（*f*）转角梁板端部无纵向延伸

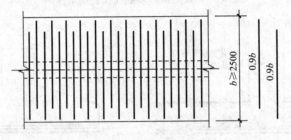

图 7-28　条形基础底板配筋长度减短 10% 的钢筋构造

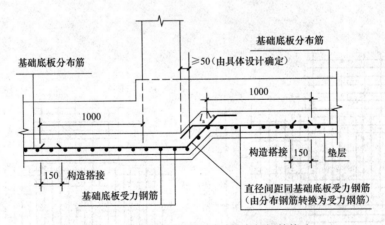

图 7-29　条形基础底板不平时的底板钢筋构造

### 7.2.4　梁板式筏形基础施工图识读与构造详图

梁板式筏形基础平法施工图是在基础平面布置图上采用平面注写方式进行表达。绘制基础平面布置图时，应将梁板式筏形基础与其所支承的柱、墙一起绘制。当基础底面标高不同时，需注明与基础底面基准标高不同之处的范围和标高。对于"高板位"（梁顶与板顶一平）、"低板位"（梁底与板底一平）以及"中板位"（板在梁的中部）三种不同位置组合的筏形基础可以通过选注基础梁底面与基础平板底面的标高高差来表达两者之间的关系，且对于轴线未居中的基础梁，应标注其定位尺寸。

梁板式筏形基础由基础主梁、基础次梁、基础平板等构成，编号如表 7-6 所示。

1. 基础主梁与基础次梁的平面注写方式

基础主梁 JL 与基础次梁 JCL 的平面注写分集中标注与原位标注两部分内容。

（1）基础主梁 JL 与基础次梁 JCL 的集中标注

1）基础梁的编号见表 7-6。

梁板式筏形基础构件编号

表 7-6

| 构件类型 | 代　号 | 序　号 | 跨数及有无外伸 |
|---|---|---|---|
| 基础主梁（柱下） | JL | ×× | （××）或（××A）或（××B） |
| 基础次梁 | JCL | ×× | （××）或（××A）或（××B） |
| 梁板式基础平板 | LPB | ×× | |

注：1.（××A）为一端有外伸，（××B）为两端有外伸，外伸不计入跨数；
　　2. 梁板式筏形基础平板跨数及是否有外伸分别在 X、Y 两向的贯通纵筋之后表达。图面从左到右为 X 向，从上到下 Y 向；
　　3. 梁板式筏形基础主梁与条形基础梁的编号与标准构造详图一致。

2）基础梁的截面尺寸。以 $b×h$ 表示梁截面宽度与高度。当为加腋梁时，用 $b×hYc_1×c_2$ 表示，其中 $c_1$ 表示腋长，$c_2$ 表示腋高。

3）基础梁的配筋

① 基础主梁的底部、顶部及侧面纵向钢筋

以 B 打头，先注写梁底部贯通纵筋（不应少于底部受力钢筋总截面面积的 1/3）。当跨中所注写根数少于箍筋肢数时，需要在跨中加设架立筋以固定箍筋，注写时，用加号"＋"将贯通纵筋与架立筋相连，架立筋注写在加号后面的括号内。

以 T 打头，注写梁顶部贯通纵筋时。注写时用分号"；"将底部与顶部纵筋分隔开，如有个别跨与其不同，按基础主梁与基础次梁的原位标注的规定处理。

当梁底部或顶部贯通纵筋多于一排时，用斜线"／"将各排纵筋自上而下分开。

以大写字母 G 打头注写基础梁两侧面对称设置的纵向构造钢筋的总配筋值（当梁腹板高度 $h_w$ 不小于 450mm 时，根据需要配置）。

当需要配置抗扭纵向钢筋时，梁两个侧面设置的抗扭纵向钢筋以 N 打头。

② 基础梁箍筋

当采用一种箍筋间距时，注写钢筋级别、直径、间距与肢数（写在括号内）。

当采用两种箍筋时，用"／"分隔不同箍筋，按照从基础梁两端向跨中的顺序注写。先注写第 1 段箍筋（在前面加注箍筋数），在斜线后再注写第 2 段箍筋（不再加注箍数）。

③ 基础梁底面标高高差（是指相对于筏形基础平板底面标高的高差值），该项为选注值。有高差时需将高差写入括号内（如"高板位"与"中板位"基础梁的底部与基础平板底面标高的高差值），无高差时不注（如"低板位"筏形基础的基础梁）。

（2）基础主梁与基础次梁的原位标注

基础主梁与基础次梁的原位标注的主要内容包括：

1）梁端（支座）区域的底部全部纵筋

梁端（支座）区域的底部全部纵筋包括已经集中注写过的贯通纵筋在内的所有纵筋。

① 当梁端（支座）区域的底部纵筋多于一排时，用斜线"/"将各排纵筋自上而下分开。

② 当同排纵筋有两种直径时，用加号"＋"将两种直径的纵筋相连。

③ 当梁中间支座两边的底部纵筋配置不同时，需在支座两边分别标注；当梁中间支座两边的底部纵筋相同时，可仅在支座的一边标注配筋值。

④ 当梁端（支座）区域的底部全部纵筋与集中注写过的贯通纵筋相同时，可不再重复做原位标注。

⑤ 加腋梁加腋部位钢筋需在设置加腋的支座处以 Y 打头注写在括号内。

2）基础梁的附加箍筋或（反扣）吊筋。可将其直接画在平面图中的主梁上，用线引注总配筋值（附加箍筋的肢数注在括号内）。当多数附加箍筋或（反扣）吊筋相同时，可在基础梁平法施工图上统一注明，少数与统一注明值不同时再原位引注。

3）当基础梁外伸部位截面高度变化时，在该部位原位注写 $b \times h_1 \times h_2$，其中 $h_1$ 为根部截面高度，$h_2$ 为尽端截面高度。

4）当在基础梁上集中标注的某项内容（如梁截面尺寸，箍筋，底部与顶部贯通纵筋或架立筋，两侧面纵向构造钢筋，梁底面标高高差等）不适用于某跨或某外伸部分时，则将其修正内容原位标注在该跨或该外伸部位，施工时原位标注取值优先。

当在多跨基础梁的集中标注中已注明加腋，而该梁某跨根部不需要加腋时，则应在该跨原位标注等截面的 $b \times h$，以修正集中标注中的加腋信息。

2. 基础梁底部非贯通纵筋的长度规定

（1）凡基础主梁柱下区域和基础次梁支座区域或底部非贯通纵筋的伸出长度 $a_0$，当配置不多于两排时，在标准构造详图中统一取值为自支座边向跨内伸出至 $l_n/3$ 位置；当非贯通纵筋配置多于两排时，从第三排起向跨内的伸出长度值应由设计者注明。$l_n$ 的取值规定为：边跨边支座的底部非贯通纵筋，$l_n$ 取本边跨的净跨长度值；中间支座的底部非贯通纵筋，$l_n$ 取支座两边较大跨的净跨值。

（2）基础主梁与基础次梁外伸部位底部纵筋的伸出长度 $a_0$，在标准构造详图中统一取值为：第一排伸出至梁端头后，全部上弯 $12d$；其他排伸至梁端头后截断。

3. 梁板式筏形基础平板的平面注写方式

梁板式筏形基础平板 LPB 的平面注写包括板底部与顶部贯通纵筋的集中标注与板底部附加非贯通纵筋的原位标注两部分内容。当仅设置贯通纵筋而未设置附加非贯通纵筋时，则仅做集中标注。贯通纵筋的集中标注，应在所表达的板区双向均为第一跨（X 与 Y 双向首跨）的板上引出（图面从左至右为 X 向，从上至下为 Y 向）。板区划分条件为板厚相同、基础平板底部与顶部贯通纵筋配置相同的区域为同一板区。

板底部与顶部贯通纵筋的集中标注包括以下内容：

（1）注写基础平板的编号，见表 7-6。

（2）注写基础平板的截面尺寸。板厚表示为 $h=xxx$。

（3）注写基础平板的底部与顶部贯通纵筋及其总长度。先注写 X 向底部（B 打头）贯通纵筋与顶部（T 打头）贯通纵筋及纵向长度范围；再注写 Y 向底部（B 打头）贯通纵筋与顶部（T 打头）贯通纵筋及纵向长度范围（图面从左至右为 X 向，从下至上为 Y 向）。

贯通纵筋的总长度注写在括号中，注写方式为"跨数及有无外伸"，其表达式为：（XXA）（一端有外伸）或（XXB）（两端有外伸）。

当贯通纵筋采用两种规格钢筋"隔一布一"方式布置时，表达为"φ xx/yy@xxx"，表示直径为 xx 的钢筋和直径为 yy 的钢筋之间的间距为 xxx，直径为 xx 的钢筋、直径为 yy 的钢筋间距分别为 xxx 的 2 倍。

梁板式筏形基础平板 LPB 的原位标注主要表达板底部附加非贯通纵筋。

（1）原位注写位置及内容。板底部原位标注的附加非贯通纵筋，应在配置相同跨的第一跨表达（当在基础梁悬挑部位单独配置时则在原位表达）。在配置相同的第一跨（或基础梁外伸部位），垂直于基础梁绘制一段中粗虚线（当该筋通常设置在外伸部位或短跨板下部时，应画至对边或者贯通短跨），在虚线上注写编号（如①、②等），配筋值，横向布置的跨数及是否布置到外伸部位。

注：（xx）为横向布置的跨数，（xxa）为横向布置的跨数及一端基础梁的外伸部位，（xxb）为横向布置的跨数及两端基础梁的外伸部位。

板底部附加非贯通纵筋向两边跨内的伸出长度值注写在线段的下方位置。当该筋向两侧对称伸出时，可仅在一侧标注，另一侧不注；当布置在边梁下时，向基础平板外伸部位一侧的长度与方式按标准构造，设计不注。底部附加非贯通筋相同者，可仅注写一处，其他只注写编号。

横向连续布置的跨数及是否布置到外伸部位，不受集中标注贯通纵筋的板区限制。

原位注写的底部附加非贯通纵筋与集中标注的底部贯通钢筋，宜采用"隔一布一"的方式布置，即基础平板（X 向或 Y 向）底部附加非贯通纵筋与贯通纵筋间隔布置，其标注间距与底部贯通纵筋相同（两者实际结合后的间距为各自标注间距的 1/2）。

（2）注写修正内容。当集中标注的某些内容不适用于梁板式筏板基础平板某板区的某一板跨时，在该板跨内注明。

（3）当若干基础板下基础平板的底部附加非贯通纵筋配置相同时（其底部、顶部的贯通纵筋可以不同），可仅在一根基础梁下做原位注写，并在其他梁上注明"该梁下基础平板底部附加非贯通纵筋同 XX 基础梁"。

4.梁板式筏形基础底板钢筋标准构造详图

（1）梁板式筏形基础平板钢筋构造

梁板式筏形基础平板钢筋构造如图 7-30、图 7-31 所示。基础平板同一层面交叉纵筋的上下关系应按具体设计说明确定。

（2）梁板式筏形基础平板变截面部位钢筋构造

梁板式筏形基础平板变截面部位钢筋构造如图 7-32 所示。

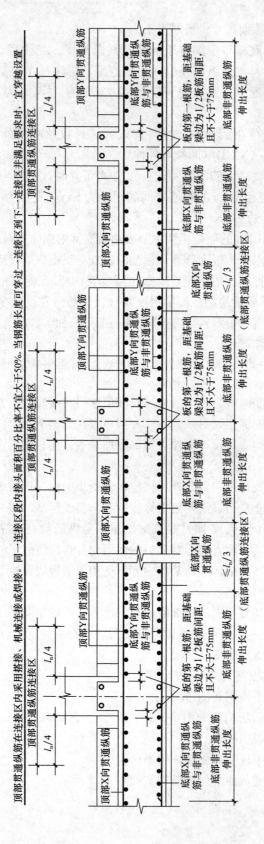

图 7-30 梁板式筏形基础平板LPB钢筋构造（柱下区域）

顶部贯通纵筋在连接区内采用搭接、机械连接或焊接。同一连接区段内接头面积百分比率不宜大于50%。当钢筋长度可穿过一连接区到下一连接区并满足要求时，宜穿越设置

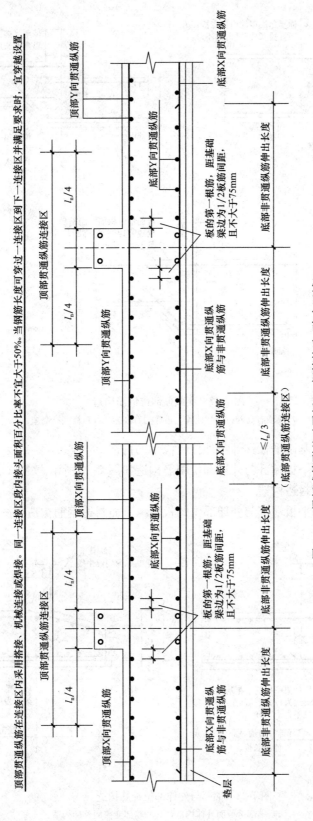

图 7-31 梁板式筏形基础平板LPB钢筋构造（跨中区域）

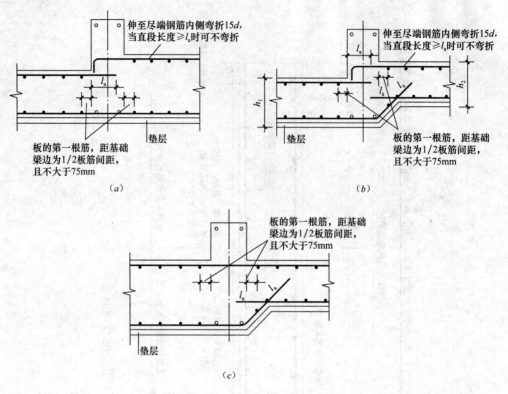

图 7-32　变截面部位钢筋构造

（a）板顶有高差；（b）板顶、板底均有高差；（c）板底有高差

（3）梁板式筏形基础平板端部与外伸部位钢筋构造

梁板式筏形基础平板端部与外伸部位钢筋构造如图 7-33 所示。

（4）板边缘侧面封边构造

梁板式筏形基础平板端部与外伸部位的板边缘侧面封边钢筋构造如图 7-34 所示。

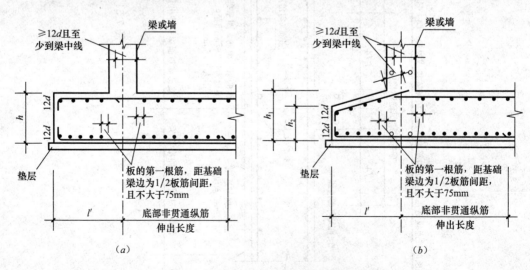

图 7-33　端部与外伸部位钢筋构造（一）

（a）端部等截面外伸构造；（b）端部变截面外伸构造

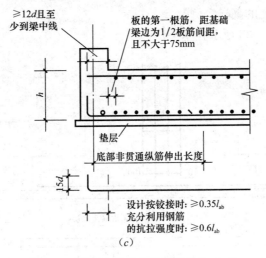

图 7-33 端部与外伸部位钢筋构造（二）

（c）端部无外伸构造

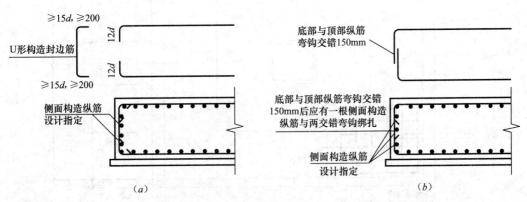

图 7-34 板边缘侧面封边构造

（a）U 形筋构造封边方式；（b）纵筋弯钩交错封边方式

# 7.3 基础钢筋翻样与计算

### 7.3.1 独立基础钢筋翻样

1. 独立柱基础钢筋的计算

（1）单根长度＝基础底板 X 向（Y 向）长度－两端保护层厚度＋弯钩（一级钢计取）

$$(7-1)$$

（2）当独立基础底板长度≥2500mm 时，除外侧钢筋外，底板钢筋长度可缩短 10%。

单根长度＝基础底板 X 向（或 Y 向）长度×0.9 $\qquad$ (7-2)

（3）X 向根数＝(基础底板 Y 向长度－min(150mm，X 向钢筋间距))/X 向钢筋间距＋1

$$(7-3a)$$

Y 向根数＝(基础底板 X 向长度－min(150mm，Y 向钢筋间距))/Y 向钢筋间距＋1

$$(7-3b)$$

## 2. 独立柱基础钢筋的翻样实例

**【例题 7-7】** 如图 7-35 所示独基 J-1。

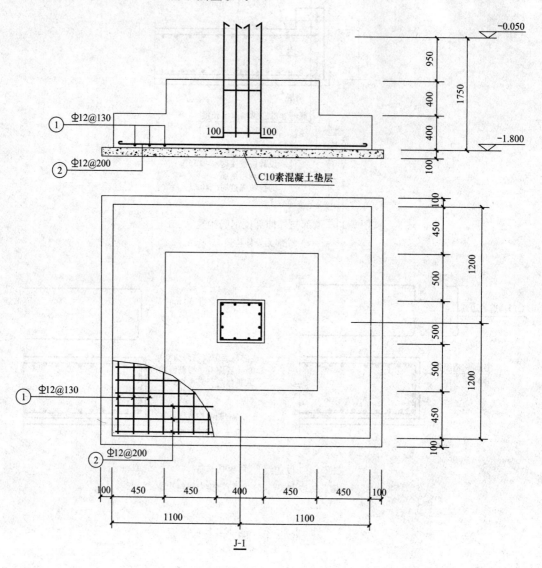

图 7-35 独基 J-1 配筋大样图

（1）根据图纸信息：J-1 是单柱普通独立基础，底板配筋为：X 向钢筋为Φ12 钢筋，间距 200mm，Y 向钢筋为Φ12 钢筋，间距 130mm，X 向尺寸 2200mm，Y 向尺寸 2400mm，C30 混凝土，有垫层。

（2）根据钢筋的排布规则及构造要求：规定水平向为 X 向，竖向为 Y 向。长向（X）钢筋放在下面，短向（Y）钢筋放在长向钢筋的上面。

（3）计算钢筋单根长度

钢筋的混凝土保护层取 40mm。

X 向②号钢筋（Φ12）单根长度：$L_2 = 2200 - 40$（保护层）$\times 2 = 2120$mm

X 向②号钢筋根数：$(2400 - 150)/200 + 1 \approx 13$ 根

Y向①号钢筋（Φ12）单根长度：$L_1$＝2400－40（保护层）×2＝2320mm

Y向①号钢筋根数：（2200－130)/130＋1≈17 根

**【例题7-8】** 如图7-36所示独基J-2。

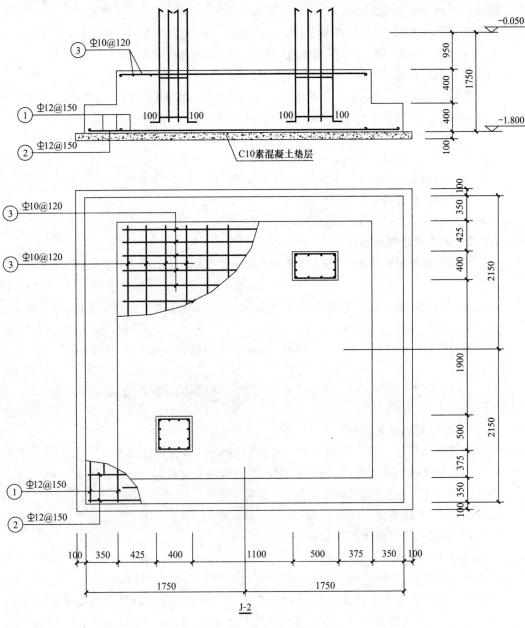

图7-36 独基J-2配筋大样

（1）根据图纸信息：J-2 是双柱普通独立基础，双层钢筋，上层配筋为双向Φ10 钢筋，间距120mm；底板配筋为双向Φ12 钢筋，间距150mm；X 向尺寸3500mm，Y 向尺寸4300mm，C30 混凝土，有垫层。

（2）根据钢筋的排布规则及构造要求：独立基础底板长度≥2500mm 时，除外侧钢筋外，底板钢筋长度可缩短 10%。规定水平向为 X 向，竖向为 Y 向。长向（X）钢筋放在下面，短向（Y）钢筋放在长向钢筋的上面。

（3）计算钢筋单根长度

钢筋的混凝土保护层取 40mm。

Y 向外侧①号钢筋（$\Phi 12$）单根长度：$L_1 = 4300 - 40$（保护层）$\times 2 = 4220$mm（2 根）

Y 向中间①号钢筋（$\Phi 12$）单根长度：$L_1 = 4300 \times 0.9 = 3870$mm

Y 向①号钢筋根数：$(3500 - 150)/150 + 1 - 2 \approx 22$ 根

X 向外侧②号钢筋（$\Phi 12$）单根长度：$L_2 = 3500 - 40$（保护层）$\times 2 = 3420$mm（2 根）

X 向中间②号钢筋（$\Phi 12$）单根长度：$L_2 = 3500 \times 0.9 = 3150$mm

X 向②号钢筋根数：$(4300 - 150)/150 + 1 - 2 \approx 27$ 根

X 向③号筋单根长度：$(2800 - 120) + 12.5 \times 10 = 2010$mm

X 向③号筋根数：$(3600 - 120)/120 + 1 \approx 30$ 根

Y 向③号筋单根长度：$(3600 - 120) + 12.5 \times 10 = 2.81$mm

Y 向③号筋根数：$(2800 - 120)/120 + 1 \approx 24$ 根

### 7.3.2 桩基承台钢筋翻样

（1）X 向钢筋单根长度＝桩基承台 X 向长度－2×保护层厚度＋弯折长度 2×10$d$

$$(7-4)$$

（2）Y 向钢筋单根长度＝桩基承台 Y 向长度－2×保护层厚度＋弯折长度 2×10$d$

$$(7-5)$$

（3）X 向根数＝（承台 Y 向长度－min(150mm，X 向钢筋间距))/X 向钢筋间距＋1

$$(7-6a)$$

Y 向根数＝（承台 X 向长度－min(150mm，Y 向钢筋间距))/Y 向钢筋间距＋1

$$(7-6b)$$

### 7.3.3 条形基础钢筋翻样

（1）单根钢筋长度＝条形基础 X 向（Y 向）长度－2×保护层厚度　　　　（7-7）

（2）当条形基础底板宽度≥2500mm 时，底板钢筋长度可缩短 10%。

单根钢筋长度＝条形基础 X 向（Y 向）长度×0.9　　　　　　　　（7-8）

（3）根数＝（基础宽度－min（150mm，钢筋间距))/钢筋间距＋1　　　（7-9）

### 7.3.4 梁板式筏形基础钢筋翻样

1. 端部无外伸构造

底部贯通筋长度＝筏板长度－2×保护层厚度＋弯折长度 2×15$d$　　　（7-10）

即使底部锚固区水平段长度满足不小于 $0.4l_a$ 时，底部纵筋也须伸至基础梁箍筋内侧。

上部贯通筋长度＝筏板净跨长＋max($12d$，$0.5h_c$)　　　　（7-11）

2. 端部有外伸构造

底部贯通筋长度＝筏板长度－2×保护层厚度＋弯折长度　　　　（7-12）

上部贯通筋长度＝筏板长度－2×保护层厚度＋弯折长度　　　　（7-13）

弯折长度计算：

（1）U 形封边构造如图 7-34（a）所示。

弯折长度＝$12d$

U 形封边弯折长度＝筏板高度－2×保护层厚度＋$12d$＋$12d$　　　　　(7-14)

（2）弯钩交错封边如图 7-34（$b$）所示。

弯折长度＝筏板高度/2－保护层厚度＋75mm　　　　　(7-15)

### 7.3.5　梁板式筏形基础平板变截面钢筋翻样

筏板变截面包括的情况为：板底有高差、板顶有高差、板底板顶均有高差。当筏板下部有高差时，低跨的筏板必须做成 45°或者 60°梁底台阶或者斜坡。当筏板梁有高差时，不能贯通的纵筋必须相互锚固。

（1）基础筏板板顶有高差时，构造如图 7-32（$a$）所示。

低跨基础筏板上部纵筋伸入高跨内长度 $l_a$

高跨基础筏板上部纵筋：

当梁宽大于 $l_a$ 时，上部纵筋长度＝$l_a$　　　　　(7-16)

当梁宽小于 $l_a$ 时，上部纵筋长度＝梁宽－保护层＋$15d$　　　　　(7-17)

（2）基础筏板板底有高差时，构造如图 7-32（$c$）所示。

低跨基础筏板下部纵筋伸入基础梁内长度＝$l_a$　　　　　(7-18)

高跨基础筏板下部纵筋伸入基础梁内长度＝高差值/sin45°（60°）＋$l_a$　　　　　(7-19)

（3）基础筏板板顶、板底均有高差时，构造如图 7-32（$b$）所示。

上部钢筋计算与基础筏板板顶有高差情况一致，下部钢筋计算与基础筏板板底有高差情况一致。

## 本单元小结

本单元主要讲述独立基础、条形基础、桩基承台、梁板式筏板基础四种基础类型的基础平法施工图识读、基础的钢筋构造详图、基础钢筋翻样计算等相关知识。基础钢筋翻样计算案例详细介绍了独立基础的钢筋翻样计算。

通过本单元的学习，熟练、准确识读各类基础（独立基础、条形基础、桩基承台、梁板式筏板基础）平法施工图，掌握施工图的制图规则与标准构造要求，能够根据基础结构施工图进行基础钢筋翻样图绘制与计算。

## 练习思考题

7-1　普通独立基础平面注写方式有几种？如何对普通独立基础编号？

7-2　试述普通独立基础的集中标注和原位标注的各包括哪些内容？

7-3　绘图表示独立基础、双柱独立基础底板的布筋构造。

7-4　绘图表示普通独立基础和条形基础底板配筋长度缩短 10％的布筋构造。

7-5　双柱独立基础底板的底部和顶部配筋如何注写？

7-6　试述条形基础底板集中标注和原位标注的内容有哪些？

7-7　独立桩承台集中标注和原位标注的内容有哪些？如何对独立桩基承台和承台梁编号？

7-8　绘图表示桩顶纵筋在承台内的锚固构造。

7-9　绘图表示梁板式筏形基础平板变截面处的布筋构造。

# 教学单元 8  楼梯平法施工图识读与钢筋翻样

**【学习目标】**了解板式楼梯和梁式楼梯的基础知识，熟悉楼梯平法施工图制图规则与标准构造详图，能够正确识读楼梯施工图并根据施工图进行楼梯的钢筋翻样计算。

## 8.1 楼梯简介

楼梯是多层及高层房屋建筑的重要组成部分。因承重和防火要求，一般采用钢筋混凝土楼梯。这种楼梯按施工方法的不同可分为现浇式和装配式，其中现浇楼梯具有布置灵活、容易满足不同建筑要求等优点，所以在建筑工程中应用颇为广泛。按结构受力状态可分为梁式、板式、折板悬挑式（又称剪刀式）和螺旋式（图 8-1）。

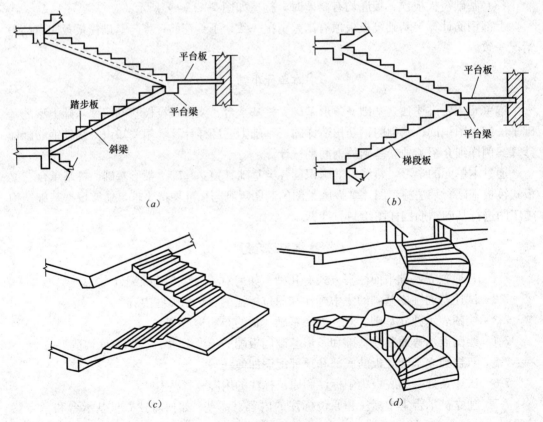

图 8-1  楼梯类型
(*a*) 梁式楼梯；(*b*) 板式楼梯；(*c*) 剪刀式楼梯；(*d*) 螺旋式楼梯

现浇板式楼梯和梁式楼梯是常用的两种楼梯形式，如图 8-2 所示。

（1）板式楼梯由踏步板、平台板和平台梁组成。作用于踏步板上的荷载直接传至平台梁。平台板支承在平台梁上。板式楼梯下表面平整，因而模板简单，施工方便，缺点是斜板较厚（为跨度的 1/30～1/25），导致混凝土和钢材用量较多，结构自重较大，所以一般多用于踏步板跨度小于 3m 的情形。由于这种楼梯外形比较轻巧、美观，因此，近年来在一些公共建筑中踏步板跨度较大的楼梯中，也获得了广泛的应用。

（2）梁式楼梯由踏步板、斜梁、平台板和平台梁组成。踏步板支承在斜梁上，而斜梁支承在平台梁上。因此，作用于楼梯上的荷载先由踏步板传给斜梁，再由斜梁传至平台梁。其优点是当梯段较长时，比板式楼梯经济，结构自重小，因而被广泛用于办公楼、教学楼等建筑；其缺点是模板比较复杂，施工不便，此外，当斜梁尺寸较大时，外形显得笨重。

（a）　　　　　　　　　　　　（b）

图 8-2　板式楼梯与梁式楼梯图

（a）板式楼梯；（b）梁式楼梯

## 8.2　板式楼梯施工图识读与构造详图

11G101-2 图集适用于非抗震及抗震设防烈度为 6～9 度地区的现浇钢筋混凝土板式楼梯，本单元主要介绍现浇板式楼梯的平法识图与钢筋翻样。

现浇混凝土板式楼梯平法施工图有平面注写、剖面注写和列表注写三种表达方式。

楼梯平面布置图应按照楼梯标准层，采用适当比例集中绘制，需要时绘制其剖面图。按平法设计绘制结构施工图时，用表格或其他方法注明地下和地上各层的结构层楼（地）面标高、结构层高及相应的结构层号。

### 8.2.1　平面注写方式

平面注写方式是在楼梯平面布置图上注写截面尺寸和配筋具体数值的方式来表达楼梯施工图，包括集中标注和外围标注。

1. 楼梯集中标注的内容有以下 5 项：

（1）楼梯梯板类型代号与序号，如 AT××。

（2）梯板厚度注写为 $h=×××$。当为带平板的梯板且梯段板厚度和平板厚度不同时，可在梯段板厚度后面括号内以字母 P 打头注写平板厚度。如 $h=130$（P150）表示梯段板厚度为 130mm，梯板平板段的厚度为 150mm。

（3）踏步段总高度和踏步级数之间以"/"分隔。

（4）梯板支座上部纵筋和下部纵筋之间以";"分隔。

（5）梯板分布筋，以 F 打头注写分布钢筋具体值，该项也可在图中统一说明。

2. 外围标注

楼梯外围标注的内容包括楼梯间的平面尺寸、楼层结构标高、层间结构标高、楼梯的上下方向、梯板的平面几何尺寸、平台板配筋、梯梁及梯柱配筋等。

### 8.2.2 剖面注写方式

剖面注写方式需在楼梯平法施工图中绘制楼梯平面布置图和楼梯剖面图，注写方式分为平面注写、剖面注写两部分。

1. 楼梯平面布置图注写内容包括楼梯间的平面尺寸、楼层结构标高、层间结构标高、楼梯的上下方向、梯板的平面几何尺寸、梯板类型及编号、平台板配筋、梯梁及梯柱配筋等。

2. 楼梯剖面图注写内容包括梯板集中标注、梯梁梯柱编号、梯板水平及竖向尺寸、楼层结构标高、层间结构标高等。

### 8.2.3 列表注写方式

列表注写方式是以列表方式注写梯板截面尺寸和配筋具体数值的方式来表达楼梯施工图。其具体要求同剖面注写方式，仅将剖面注写方式里的梯板集中标注的梯板配筋注写改为列表注写。

梯板列表格式见表 8-1。

梯板几何尺寸和配筋  表 8-1

| 梯板编号 | 踏步段总高度/踏步级数 | 板厚 $h$ | 上部纵向钢筋 | 下部纵向钢筋 | 分布筋 |
|---|---|---|---|---|---|
|  |  |  |  |  |  |
|  |  |  |  |  |  |

### 8.2.4 楼梯与基础的连接构造

各种类型的楼梯第一跑都要与基础连接，常见的连接方式如图 8-3 所示。

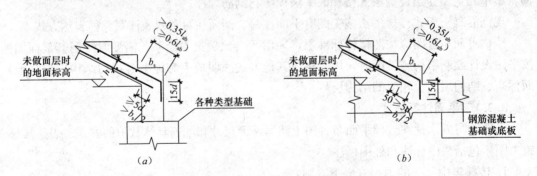

图 8-3　各型楼梯第一跑与基础连接构造
（a）构造 1；（b）构造 2

# 8.3　梁式楼梯构造详图

1. 梁式楼梯现浇踏步板的配筋如图 8-4 所示。

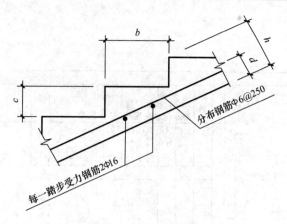

图 8-4 现浇踏步板的配筋图

2. 梁式楼梯斜梁的构造与配筋如图 8-5 所示。

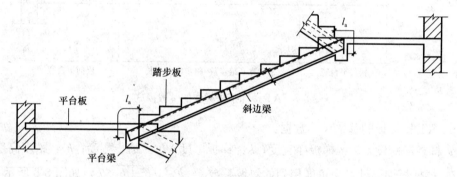

图 8-5 斜梁的构造与配筋图

3. 梁式楼梯平台板与平台梁如图 8-6 所示。

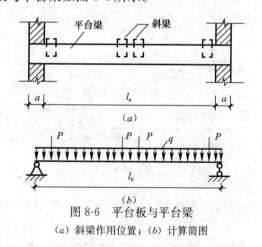

图 8-6 平台板与平台梁

(a) 斜梁作用位置；(b) 计算简图

# 8.4 板式楼梯钢筋翻样与计算

### 8.4.1 AT 型楼梯钢筋翻样

本书以常用的 AT 楼梯为例分析楼梯板钢筋的计算过程。AT 楼梯板平法标注的一般模式如图 8-7 所示。

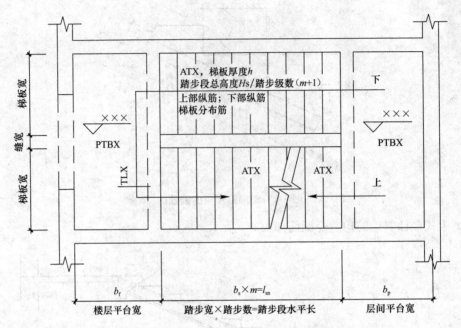

图 8-7 AT 楼梯平法标注的一般模式

（1）AT 楼梯板的基本尺寸数据：

$l_n$：梯板净跨度；$b_n$：梯板净宽度；$h$：梯板厚度；$b_s$：踏步宽度；$h_s$：踏步高度

（2）楼梯板钢筋计算中可能用到的斜坡系数 $k$，$k = \sqrt{b_s^2 + h_s^2}/b_s$，如图 8-8 所示。

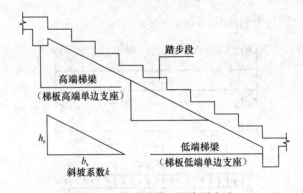

图 8-8 斜坡系数 $k$ 的表示方法

在钢筋计算中，需要通过水平投影长度计算斜长，即斜长＝水平投影长度×斜坡系数 $k$。

下面根据 AT 楼梯板钢筋构造图分析 AT 楼梯板钢筋计算过程，AT 楼梯板钢筋构造如图 8-9 所示。

（3）AT 楼梯板的纵向受力钢筋

1）楼梯板下部纵筋

楼梯板下部纵筋位于 AT 踏步段斜板的下部，两端分别锚入高端梯梁和低端梯梁，其

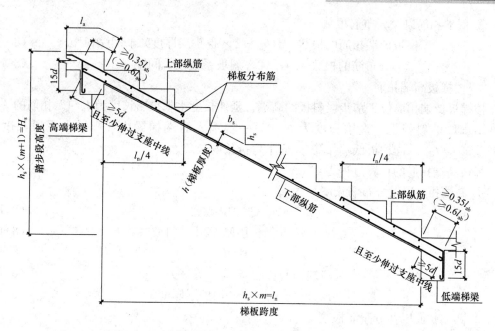

图 8-9　AT 楼梯板钢筋构造

锚固长度≥5d 且至少伸过支座中线，其计算依据为梯板净跨度 $l_n$。

在计算时，可取锚固长度 $a = \max\left(5d, \dfrac{bk}{2}\right)$，梯板下部纵筋的计算如下：

① 下部纵筋及分布筋长度计算

$$\text{梯板下部纵筋的长度} = l_n \times k + 2 \times a \tag{8-1}$$

$$\text{分布筋长度} = b_n - 2 \times \text{保护层厚度} \tag{8-2}$$

② 下部纵筋及分布筋根数计算

$$\text{梯板下部纵筋的根数} = (b_n - 2 \times \text{保护层厚度})/\text{间距} + 1 \tag{8-3}$$

$$\text{分布筋根数} = (l_n \times k - 50 \times 2)/\text{间距} + 1 \tag{8-4}$$

2）楼梯板低端扣筋

楼梯板低端扣筋位于踏步段斜板的低端，延伸长度水平投影长度为 $l_n/4$。

扣筋的一端扣在踏步段的斜板上，直钩长度为 $h_1$。另一端锚入低端梯梁内，弯锚水平段长度≥$0.35l_{ab}$（$0.6l_{ab}$）（其中，$0.35l_{ab}$ 用于设计按铰接的情况，$0.6l_{ab}$ 用于设计考虑充分发挥钢筋抗拉强度的情况，具体工程设计中应指明采用何种情况），向下弯折长度≥15d。

梯板低端扣筋的计算过程为：

① 低端扣筋以及分布筋长度计算

$$l_1 = \left[l_n/4 + (b - \text{保护层厚度})\right] \times \text{斜坡系数 } k \tag{8-5}$$

$$l_2 = 15d \tag{8-6}$$

$$h_1 = h - \text{保护层厚度} \tag{8-7}$$

$$\text{低端扣筋长度} = l_1 + l_2 + h_1 \tag{8-8}$$

$$\text{分布筋} = b_n - 2 \times \text{保护层厚度} \tag{8-9}$$

② 低端扣筋以及分布筋根数

$$梯板低端扣筋的根数 = (b_n - 2 \times 保护层厚度)/ 间距 + 1 \tag{8-10}$$

$$分布筋的根数 = (l_n/4 \times 斜坡系数\ k)/ 间距 + 1 \tag{8-11}$$

3）楼梯板高端扣筋

楼梯板低端扣筋位于踏步段斜板的高端，延伸长度水平投影长度为 $l_n/4$。扣筋的一端扣在踏步段的斜板上，直钩长度为 $h_1$。另一端锚入高端梯梁内，弯锚水平段长度 ≥ $0.35l_{ab}$（$0.6l_{ab}$）（同梯板低端扣筋），向下弯折长度 ≥ $15d$。

梯板高端扣筋的计算过程为：

① 高端扣筋以及分布筋长度

$$h_1 = h - 保护层厚度 \tag{8-12}$$

$$l_1 = [l_n/4 + (b - 保护层厚度)] \times 斜坡系数\ k \tag{8-13}$$

$$l_2 = 15d \tag{8-14}$$

$$高端扣筋长度 = h_1 + l_1 + l_2 \tag{8-15}$$

$$分布筋 = b_n - 2 \times 保护层厚度 \tag{8-16}$$

② 高端扣筋以及分布筋根数

$$梯板高端扣筋的根数 = (b_n - 2 \times 保护层厚度)/ 间距 + 1 \tag{8-17}$$

$$分布筋的根数 = (l_n/4 \times 斜坡系数\ k)/ 间距 + 1 \tag{8-18}$$

### 8.4.2 BT 型楼梯钢筋翻样

与 AT 型楼梯板不同的是，BT 楼梯板由低端平板和踏步段构成，BT 楼梯平法标注的一般模式如图 8-10 所示，楼梯板配筋构造如图 8-11 所示。

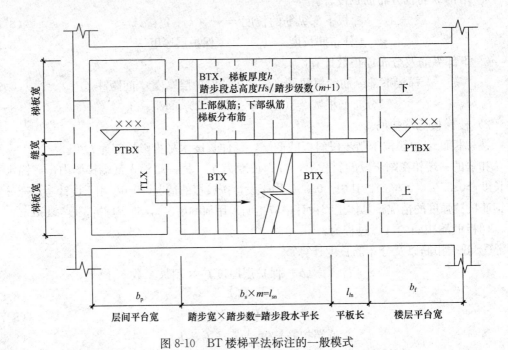

图 8-10　BT 楼梯平法标注的一般模式

本书只介绍 BT 型梯板和 AT 型梯板不同的低端梯梁部分上部纵筋的长度计算，其他

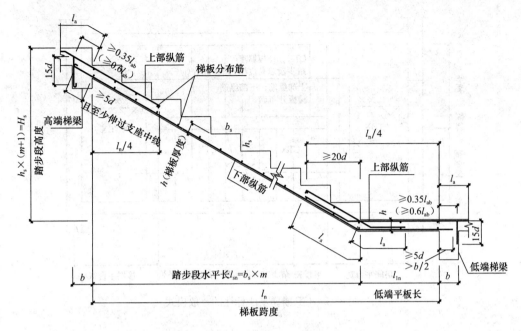

图 8-11　BT 楼梯板钢筋构造

同 AT 型楼梯板。

BT 型楼梯板低端扣筋分两段，一段为水平段加弯钩，水平段长度为低端平板长 $l_{ln}$。扣筋的一端扣在踏步段的斜板上，长度为 $l_a$；扣筋的另一端锚入低端梯梁内，弯锚水平段长度 $\geqslant 0.35l_{ab}$（$0.6l_{ab}$）（同 AT 型），向下弯折长度 $\geqslant 15d$。

楼梯板低端扣筋另一段沿楼梯斜面方向，延伸长度水平投影长度 $\geqslant 20d$；扣筋的一端扣在踏步段的斜板上，直钩长度为 $h_1$；扣筋的另一端锚入低端平板内，长度为 $l_a$。

BT 梯板低端扣筋的长度计算过程为：

$$l_1 = l_{ln} + [(b - \text{保护层厚度}) + 15d] + l_a \tag{8-19}$$

$$l_2 = 20dk + (h - \text{保护层厚度}) + l_a \tag{8-20}$$

$$\text{低端扣筋长度} = l_1 + l_2 \tag{8-21}$$

$$\text{分布筋} = b_n - 2 \times \text{保护层厚度} \tag{8-22}$$

### 8.4.3　CT 型楼梯钢筋翻样

CT 楼梯平法标注的一般模式如图 8-12 所示，楼梯板配筋构造如图 8-13 所示。

### 8.4.4　板式楼梯钢筋翻样实例

【例题 8-1】　对图 8-14 的 AT 型楼梯进行钢筋计算，具体数据如下：

混凝土强度等级为 C30。

楼梯平面图的 AT 标注：AT1，$h = 120\text{mm}$，$170 \times 10 = 1700\text{mm}$，$\text{Φ}10@100$，$\text{Φ}12@100$；F $\text{Φ}8@200$。

楼梯平面图的尺寸标注：梯板净跨度尺寸 $270 \times 10 = 2700\text{mm}$，梯板净宽度尺寸 1600mm，楼梯井宽度 200mm，楼层平板宽度 1800mm，层间平板宽度 1800mm，梯梁宽度 $b = 200\text{mm}$。

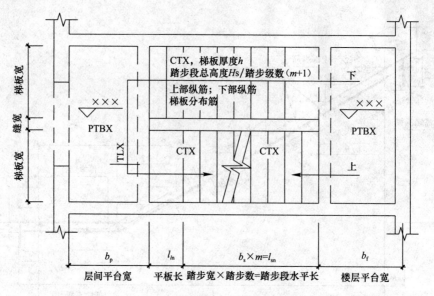

图 8-12　CT 楼梯平法标注的一般模式

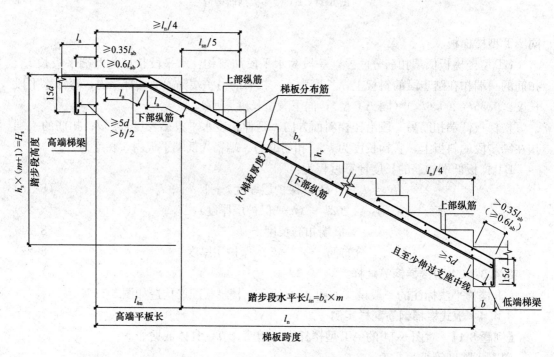

图 8-13　CT 楼梯板钢筋构造

【解】　楼梯钢筋计算信息：梯板净跨度 $l_n=2700$mm，梯板净宽度 $b_n=1600$mm，梯板厚度 $h=120$mm，踏步宽度 $b_s=270$mm，踏步高度 $h_s=170$mm。

（1）斜坡系数 $k$

$$k=\sqrt{b_s^2+h_s^2}/b_s=\sqrt{270^2+170^2}/270=1.182$$

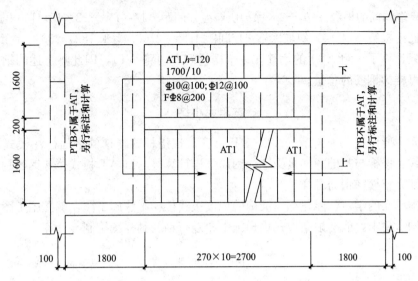

图 8-14　AT 楼梯实例

（2）梯板下部纵筋

锚固长度 $a = \max(5d, \dfrac{bk}{2}) = \max(5 \times 12, \dfrac{200 \times 1.182}{2}) = 118.2\text{mm}$

梯板下部纵筋的长度 $= l_n \times k + 2 \times a = 2700 \times 1.182 + 2 \times 118.2 = 3427.8\text{mm}$

分布筋长度 $= b_n - 2 \times$ 保护层厚度 $= 1600 - 2 \times 15 = 1570\text{mm}$

梯板下部纵筋的根数 $= (b_n - 2 \times$ 保护层厚度$)/$间距 $+ 1 = (1600 - 2 \times 15)/100 + 1 = 17$ 根

分布筋根数 $= (l_n \times k - 50 \times 2)/$间距 $+ 1 = (2700 \times 1.182 - 50 \times 2)/200 + 1 = 17$ 根

（3）梯板低端扣筋

低端扣筋及分布筋长度：

$l_1 = [l_n/4 + (b - $保护层厚度$)] \times k = [2700/4 + (200 - 15)] \times 1.182 = 1017\text{mm}$

$l_2 = 15d = 15 \times 10 = 150\text{mm}$

$h_1 = h - $保护层厚度 $= 120 - 15 = 105\text{mm}$

低端扣筋每根长度 $= 1017 + 150 + 105 = 1272\text{mm}$

分布筋长度 $= b_n - 2 \times$ 保护层厚度 $= 1600 - 2 \times 15 = 1570\text{mm}$

低端扣筋以及分布筋根数：

梯板低端扣筋的根数 $= (b_n - 2 \times$ 保护层厚度$)/$间距 $+ 1 = (1600 - 2 \times 15)/100 + 1 = 17$ 根

分布筋的根数 $= (l_n/4 \times$ 斜坡系数 $k)/$间距 $+ 1 = (2700/4 \times 1.182)/250 + 1 = 4$ 根

（4）梯板高端扣筋

高端扣筋及分布筋长度：

$h_1 = h - $保护层厚度 $= 120 - 15 = 105\text{mm}$

$l_1 = [l_n/4 + (b - $保护层厚度$)] \times k = [2700/4 + (200 - 15)] \times 1.182 = 1017\text{mm}$

$l_2 = 15d = 15 \times 10 = 150\text{mm}$

高端扣筋每根长度 $= 1017 + 150 + 105 = 1272\text{mm}$

分布筋长度 $= b_n - 2 \times$ 保护层厚度 $= 1600 - 2 \times 15 = 1570\text{mm}$

高端扣筋及分布筋根数：

梯板高端扣筋的根数＝($b_n$－2×保护层厚度)/间距＋1＝(1600－2×15)/100＋1＝17 根

分布筋的根数＝($l_n$/4×斜坡系数 $k$)/间距＋1＝(2700/4×1.182)/250＋1＝4 根

以上只计算了一跑 AT1 的钢筋，一个楼梯间有两跑 AT1，因此将上述的钢筋数量乘以 2 即可得楼梯钢筋的总量。

## 本单元小结

本单元主要讲述三种类型（AT、BT、CT）现浇板式楼梯的平面标注模式及梯板钢筋布筋样式、楼梯与基础的连接构造、钢筋翻样计算等。以 AT 板式楼梯钢筋翻样计算案例为例详细介绍楼梯钢筋翻样计算。

通过本单元的学习，能熟练、准确的识读板式楼梯平法施工图，掌握施工图的制图规则与标准构造要求，能够根据板式楼梯施工图进行钢筋翻样图绘制与计算。

## 练习思考题

8-1 按施工方法的不同，楼梯可分为哪几种？

8-2 按结构受力状态不同，楼梯的形式又有哪几种？

8-3 现浇梁式楼梯的优缺点是什么，板式楼梯的优缺点是什么？通常什么情况下用板式楼梯，什么情况下用梁式楼梯？

8-4 现浇梁式楼梯和板式楼梯的受力构件有哪些？其计算简图分别是什么？

8-5 简述 AT、BT、CT 三种类型板式楼梯的楼梯板钢筋构造有哪些不同？

# 参 考 文 献

[1] 中华人民共和国国家标准. 混凝土结构设计规范 GB 50010—2010 [S]. 北京：中国建筑工业出版社，2010.

[2] 中华人民共和国国家标准. 建筑抗震设计规范 GB 50011—2010 [S]. 北京：中国建筑工业出版社，2010.

[3] 中华人民共和国国家标准. 建筑地基基础设计规范 GB 50007—2011 [S]. 北京：中国建筑工业出版社，2010.

[4] 中华人民共和国国家标准. 高层建筑混凝土结构设计规程 JGJ 3—2010 [S]. 北京：中国建筑工业出版社，2010.

[5] 中华人民共和国国家标准. 混凝土结构工程施工质量验收规范 GB 50204—2002 [S]. 北京：中国建筑工业出版社，2002.

[6] 中国建筑标准设计研究院. 混凝土结构施工图平面整体表示方法制图规则和构造详图（现浇混凝土框架、剪力墙、梁、板）11G101-1 [S]. 北京：中国计划出版社，2011.

[7] 中国建筑标准设计研究院. 混凝土结构施工图平面整体表示方法制图规则和构造详图（现浇混凝土板式楼梯）11G101-2 [S]，北京：中国计划出版社，2011.

[8] 中国建筑标准设计研究院. 混凝土结构施工图平面整体表示方法制图规则和构造详图（筏形基础、独立基础、条形基础、桩基承台）11G101-3 [S]. 北京：中国计划出版社，2011.

[9] 混凝土结构施工钢筋排布规则与构造详图（现浇混凝土框架、剪力墙、梁、板）12G901-1 [S]. 北京：中国计划出版社，2012.

[10] 混凝土结构施工钢筋排布规则与构造详图（现浇混凝土板式楼梯）12G901-2 [S]. 北京：中国计划出版社，2012.

[11] 混凝土结构施工图钢筋排布规则与构造详图（独立基础、条形基础、筏形基础及桩基承台）12G901-3 [S]. 北京：中国计划出版社，2012.

[12] 陈青来. 钢筋混凝土结构平法设计与施工规则 [M]. 北京：中国建筑工业出版社，2007.

[13] 中国建筑标准设计研究院. 混凝土结构施工图平面整体表示方法制图规则和构造详图（箱型基础和地下室结构）08G101-5 [S]. 北京：中国计划出版社，2008.

[14] 陈达飞. 平法识图与钢筋计算 [M]. 北京：中国建筑工业出版社，2010.

[15] 茅洪斌. 钢筋翻样方法及实例 [M]. 北京：中国建筑工业出版社，2009.

[16] 闫玉红，冯占红. 钢筋翻样与算量 [M]. 北京：中国建筑工业出版社，2013.